留学生のための
かんたん Word 入門

楪村 麻里子　津木 裕子　山本 光　[著]
松下 孝太郎　平井 智子　両澤 敦子

技術評論社

●ご注意

本書は、2018年12月時点での最新のMicrosoft Office 365、サブスクリプション版、Word 2016、Excel 2016を使用して執筆、制作されたものです。その後、機能の追加や画面デザインや操作の変更などが生じている可能性があります。

また、本書で紹介しているホームページのURLやその内容は、その後、変更されたり、無くなっている可能性があります。

あらかじめご了承ください。

Microsoft Officeは米国Microsoft Corporationの米国およびその他の国における商標または名称です。
Microsoft Wordは米国Microsoft Corporationの米国およびその他の国における商標または名称です。
Microsoft Excelは米国Microsoft Corporationの米国およびその他の国における商標または名称です。
Windowsは米国Microsoft Corporationの米国およびその他の国における登録商標です。

その他の本書に記載されている商品・サービス名称等は、各社の商標または登録商標です。
本書では®、™マークは省略しています。

はじめに

　Word（Microsoft Word / ワード）は、世界中で使用されている標準的なワープロソフトです。Wordは、各国の企業、学校、家庭において広く使用されています。日本においても、企業に就職の際は、Wordのスキルは概ね必須となっています。今後も、さまざまなビジネスの場面でWordを利用する機会が増えると予想されます。

　本書は、日本語を母国語としない人、まったく経験のない人でも、無理なくWordを学習できるように編集しています。本書の特徴として次の点を挙げることができます。

- 総ルビにより日本語を母国語としない学習者も内容が理解できる。
- 文字の入力操作などの初歩的な内容から、実務文章作成などの実用的な内容まで無理なく学べる。
- サンプルファイルをサポートページからダウンロードして使用できる。
- 練習問題を通じて知識を定着できる。

　第1章では、ローマ字、カタカナなどの日本語表現、タイピングなど、日本語やコンピュータを使用するための基本事項について解説しています。日本語によるコンピュータの操作を簡単に学ぶことができます。

　第2章では、フォルダーやファイルの操作方法について解説しています。Windowsの操作を簡単に学ぶことできます。

　第3章の第1節から第2節では、Wordの基本操作、文字入力について解説しています。Wordによる日本語表現と基本的な文章作成を学ぶことができます。

　第3章の第3節から第5節では、文字や文書の体裁について解説しています。文書の基本的構成について学ぶことができます。

　第3章の第6節から第8節では、画像や図形をはじめとするグラフィック要素の使用などについて解説しています。視覚的効果の高い文書の作成について学ぶことができます。

　第3章の第9節から第12節では、レイアウトや全体構成などについて解説しています。用途に即した文書の作成について学ぶことができます。

　第3章の第13節から第15節では、複合的操作や便利な機能について解説しています。より実用的な文書の作成について学ぶことができます。

　巻末付録では、Wordに関する頻出用語を用意しています。これにより、日本語版Wordの理解が容易になります。

　本書における操作手順や操作画面はWord2016により解説していますが、以前のバージョンや今後のバージョンにおいても、ほとんど同様の操作で行うことができます。

　最後に、本書の編集・企画においてご尽力いただいた技術評論社の渡邉悦司氏、松井竜馬氏および関係各位に深く感謝の意を表します。

2018年12月
著者

本書の使い方 ① 本書の特徴

　本書は、日本語の基礎とパソコンやWindowsの基本操作を学んだ留学生を対象にした、Wordの入門書です。留学生が学習しやすいよう、さまざまな工夫を凝らしています。

　本書は3章を中心に構成されています。3-1から3-15の全15回の授業でWordの基本を学びます。

　1、2章ではパソコンやWindows、日本語IMEの基本をさっと確認できるように、まとめてあります。

　3章の各節では、最初に学習内容や完成例が書かれています。そして、サンプルファイルをもとに、文書を完成させていくことで、Wordの機能や操作方法が自然に身につくようになっています。

　各節の最後には、練習問題があります。学んだことを確認したり、プラスアルファの操作を確認できます。

◆ **3章の各節の扉ページ**

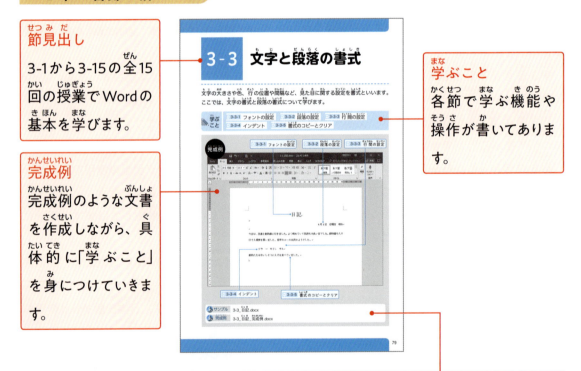

節見出し
3-1から3-15の全15回の授業でWordの基本を学びます。

学ぶこと
各節で学ぶ機能や操作が書いてあります。

完成例
完成例のような文書を作成しながら、具体的に「学ぶこと」を身につけていきます。

サンプルファイル
ダウンロードサービスで入手して使用するサンプルファイルです。「サンプルファイル」、「入力用PDFファイル」、「完成例ファイル」などがあります。

◆ 本文ページ

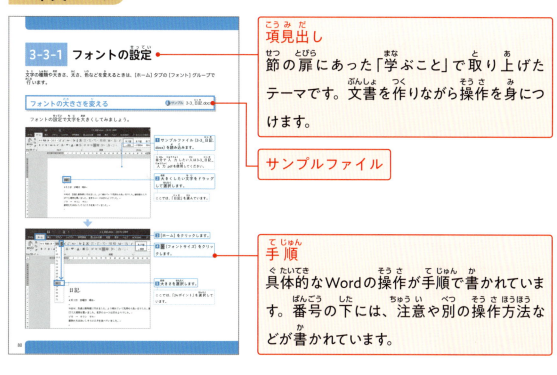

項見出し
節の扉にあった「学ぶこと」で取り上げたテーマです。文書を作りながら操作を身につけます。

サンプルファイル

手順
具体的なWordの操作が手順で書かれています。番号の下には、注意や別の操作方法などが書かれています。

◆ 練習問題ページ

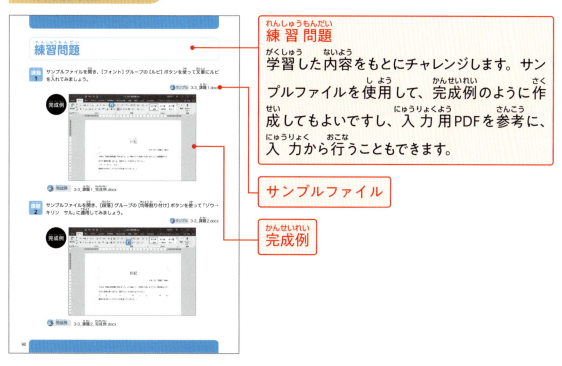

練習問題
学習した内容をもとにチャレンジします。サンプルファイルを使用して、完成例のように作成してもよいですし、入力用PDFを参考に、入力から行うこともできます。

サンプルファイル

完成例

本書の使い方 ② サンプルファイルの種類と内容

　本書の学習で使用する主なサンプルファイは次の3つです。基本のサンプルファイルに加え、入力用、完成例があります。なお、ダウンロードサービスにはその他の教材も用意しています。

◆ サンプルファイル

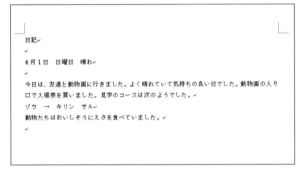

教材として使用するファイルです。あらかじめ用意されたサンプルファイルを読み込むことで、文字入力することなく、必要な機能や操作を効率的に学んでいくことができます。入力からやりたい人のための「入力用PDF」も用意しています。

◆ 入力用PDF

サンプルファイルの内容を自分で入力して進めたい、設定もやりたいという学生のために入力用PDFを用意しています。ダウンロードサービスから入手できます。

◆ 完成例ファイル

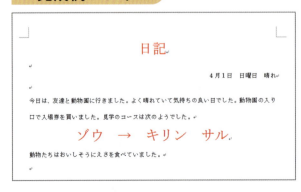

各節の実習で作成する文書の完成例です。

本書の使い方 ③ ダウンロードサービスについて

◆ ダウンロードの手順

本書で使用するサンプルファイルは次の手順でダウンロードできます。なお、「gihyo.jp/book/2019/978-4-297-10269-2/support」にアクセスすれば、ダイレクトにダウンロードページを開けます。

❶ 「gihyo.jp/book」にアクセスします。

❷ 「本を探す」に「留学生の」と入力して[検索]をクリックします。

❸ 「留学生のためのかんたんWord入門」を見つけてクリックします。

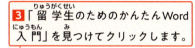
上のほうは広告になっています。

❹ 「本書のサポートページ」をクリックします。

❺ 表示されたページの説明にしたがってダウンロードしてください。

◆ 本書で使用するサンプルファイルについて

本書と連携したサンプルファイルです。完成例を分けて使いたい方のために、別々(べつ)にダウンロードできるようにもなっています。

完成例以外と完成例のみを合わせたものと一式ダウンロードは同じものです。目的に合わせてご使用ください。

一式ダウンロード	3章の学習や練習問題に使用するサンプルファイル、入力用PDF、完成例ファイルがすべて入っています。
完成例以外のダウンロード	完成例のファイルを除いたものです。
完成例のみのダウンロード	完成例のみ集めたものです。

◆ 追加の練習問題やその他の教材のダウンロード

留学生の学習に役立つ、追加の練習問題、その他ファイルを多数ご用意しております。ぜひ、アクセスしてみてください。

目次 留学生のためのかんたん Word 入門

はじめに 3
本書の使い方 ① 本書の特徴 4
本書の使い方 ② サンプルファイルの種類と内容 6
本書の使い方 ③ ダウンロードサービスについて 7

1章
パソコン操作と日本語入力の基本編

1-1	パソコンの種類と起動	14
1-2	マウスの操作	16
1-3	Windowsの画面とアプリケーションの起動	20
1-4	キーボードの名称と機能	24
1-5	ローマ字・ひらがな・漢字	26
1-6	タッチタイピング	28
1-7	入力モードと日本語IME	30
1-8	ひらがなの入力と漢字変換	32

2章
フォルダーやファイル操作の基本編

2-1	ウィンドウの操作	38
2-2	ファイル／フォルダーの作成と移動	42
2-3	ファイル／フォルダーの表示の変更	44
2-4	ファイルの拡張子	46

3章 Word編

3-1 Wordの基本 …… 49
- 3-1-1 Wordの起動と終了、保存フォルダーの作成 …… 50
- 3-1-2 Wordの画面 …… 52
- 3-1-3 「新規文書の作成」と「文書を閉じる」 …… 54
- 3-1-4 文書の保存 …… 56
- 3-1-5 文書の読み込み …… 58
- 3-1-6 文書の印刷 …… 60
- 練習問題 …… 64

3-2 入力操作の基本 …… 65
- 3-2-1 ひらがなの入力と改行 …… 66
- 3-2-2 文節の変更と漢字変換 …… 68
- 3-2-3 ひらがなからカタカナ、ローマ字への変更 …… 70
- 3-2-4 文字の削除と挿入 …… 72
- 3-2-5 文字の検索と置換 …… 74
- 3-2-6 文字のコピーと貼り付け …… 76
- 練習問題 …… 78

3-3 文字と段落の書式 …… 79
- 3-3-1 フォントの設定 …… 80
- 3-3-2 段落の設定 …… 82
- 3-3-3 行間の設定 …… 84
- 3-3-4 インデント …… 86
- 3-3-5 書式のコピーとクリア …… 88
- 練習問題 …… 90

3-4 箇条書き … 91
- 3-4-1 箇条書きの設定 … 92
- 3-4-2 段落番号の設定と解除 … 94
- 3-4-3 箇条書きの設定テクニック … 96
- 練習問題 … 98

3-5 表の作成 … 99
- 3-5-1 表の作成 … 100
- 3-5-2 表のサイズ変更と移動 … 102
- 3-5-3 行や列の追加や削除 … 104
- 3-5-4 セルの結合と文字の配置 … 106
- 3-5-5 表のデザイン … 108
- 3-5-6 罫線の変更 … 110
- 練習問題 … 112

3-6 グラフィック要素1 … 113
- 3-6-1 ワードアートの挿入 … 114
- 3-6-2 画像の挿入 … 116
- 3-6-3 画像の調整 … 118
- 3-6-4 画像の配置 … 120
- 3-6-5 画像のトリミング … 122
- 3-6-6 オンライン画像の挿入 … 124
- 練習問題 … 126

3-7 グラフィック要素2 … 127
- 3-7-1 スクリーンショット … 128
- 3-7-2 テキストボックスの挿入 … 130
- 3-7-3 テキストボックスの設定 … 132
- 3-7-4 図形の挿入と設定 … 134
- 練習問題 … 136

3-8 グラフィック要素3 ... 137
- 3-8-1 ページの背景色 ... 138
- 3-8-2 オンライン画像の挿入 ... 140
- 3-8-3 図の体裁とアート効果 ... 142
- 3-8-4 図形の書式 ... 144
- 練習問題 ... 146

3-9 はがきの作成 ... 147
- 3-9-1 はがき（文面）の作成 ... 148
- 3-9-2 はがき（宛名面）の作成 ... 152
- 3-9-3 差し込み印刷 ... 156
- 練習問題 ... 158

3-10 スマートアート ... 159
- 3-10-1 スマートアートの使い方 ... 160
- 3-10-2 デザインの変更 ... 162
- 3-10-3 図形の追加 ... 165
- 練習問題 ... 168

3-11 レイアウトの工夫 ... 169
- 3-11-1 ページ区切り ... 170
- 3-11-2 段組み ... 171
- 3-11-3 段区切り ... 174
- 3-11-4 セクション区切り ... 175
- 練習問題 ... 178

3-12 長文の作成に便利な機能 ... 179
- 3-12-1 スタイルと見出し ... 180
- 3-12-2 目次の作成 ... 185
- 3-12-3 表紙の作成 ... 187
- 3-12-4 ドロップキャップ ... 188

練習問題 189

3-13 グリーティングカード 191
3-13-1 ページの向きと背景 192
3-13-2 オンライン画像の挿入 194
3-13-3 図形の挿入とテキストの追加 196
練習問題 200

3-14 文書作成の応用例1 201
3-14-1 ページ設定 202
3-14-2 テキストの挿入 204
3-14-3 書式の設定 205
3-14-4 箇条書きの設定 207
3-14-5 文字の配置 208
練習問題 210

3-15 文書作成の応用例2 211
3-15-1 ヘッダーとフッターの設定 212
3-15-2 表の挿入 214
3-15-3 表の編集 215
3-15-4 表のデータ入力 218
3-15-5 表のスタイル設定 219
練習問題 220

巻末 留学生のための重要用語 221
巻末 LZHファイルやPDFファイルが開かないとき 237

1章

パソコン操作と日本語入力の基本 編

1-1 パソコンの種類と起動

パソコンの種類と起動方法を見てみましょう。

パソコンの種類

文書の作成や、表計算には、パソコン（パーソナルコンピュータ）を使います。パソコンの種類には、デスクトップパソコン、ノートパソコン、タブレットパソコンなどがあります。

◆ デスクトップパソコン

本体、ディスプレイ、キーボードにより構成されています。持ち運びはできませんが、画面やキーボードが大きく、使いやすいため、じっくり作業することができます。

◆ ノートパソコン

本体、ディスプレイ、キーボードが一体化されています。持ち運ぶことにより、移動先でも作業できます。

◆ タブレットパソコン

小型で薄く、しかも軽いため、どこにでも持ち運ぶことができます。画面に表示されるキーボードで入力します。
（キーボードが付属しているものもあります。）

パソコンの起動

本体の電源ボタンを押すと、パソコンが起動します。

◆ デスクトップパソコン

◆ ノートパソコン

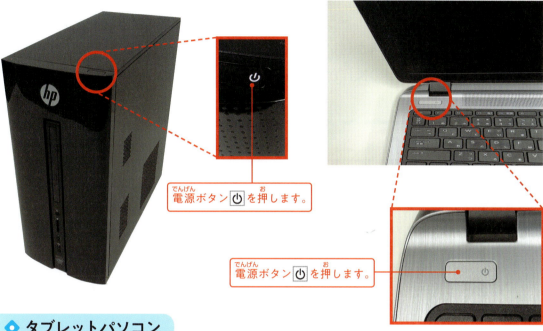

電源ボタン⏻を押します。

電源ボタン⏻を押します。

◆ タブレットパソコン

電源ボタンを押します。

> **Point** 電源ボタンのマーク
>
> ほとんどの電源ボタンは⏻で表示されていますが、違うこともあります。もし、まったく動作しなくなったときは電源ボタンが⏻を長く押すと、リセットがかかり再起動します。

1-2 マウスの操作

パソコンはマウスを使って操作します。マウスの基本操作は、ポインターの移動・クリック・ダブルクリック・ドラッグの4つです。ノートパソコンやタブレットパソコンなどの場合、マウスが付いてないことがありますが、タッチパッドやタッチパネルなどを使って同様の操作ができます。

ポインターの移動

◆ デスクトップパソコン

画面に表示された矢印は、「マウスポインター（ポインター）」といいます。マウスを動かすと、動かした方向にポインターが移動します。

マウスを右に動かすと、ポインターも右に移動します。

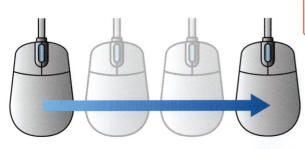

◆ ノートパソコン

タッチパッドの上に指を置き、「マウスポインター（ポインター）」を動かしたい方向に指を動かします。

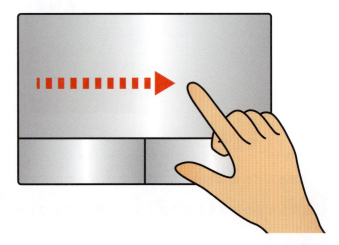

クリックと右クリック

◆ デスクトップパソコン

マウスの左ボタンを1回押すことを「クリック」といいます。

マウスを持ちます。

人差し指で左ボタンを押します。

すぐにボタンから指を離します。

マウスの右ボタンを1回押すことを「右クリック」といいます。

マウスを持ちます。

中指で右ボタンを押します。

すぐにボタンから指を離します。

◆ ノートパソコン

クリックは左ボタンを1回押します。右クリックは右ボタンを1回押します。

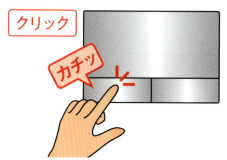
クリック

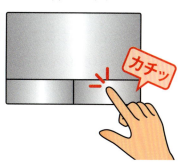
右クリック

17

ダブルクリック

◆ デスクトップパソコン

　左ボタンをすばやく2回押すことをダブルクリックといいます。

◆ ノートパソコン

　左ボタンをすばやく2回押します。

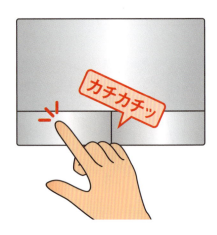

ドラッグ

◆ デスクトップパソコン

　マウスの左ボタンを押したままマウスを移動することを「ドラッグ」といいます。

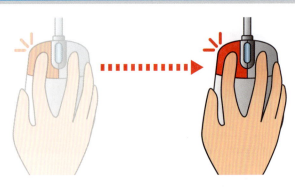

◆ ノートパソコン

　左ボタンを押したまま、タッチパッドの上に指を置き、「マウスポインター（ポインター）」を動かしたい方向に指を動かします。

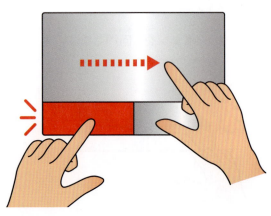

COLUMN　タブレットパソコンの操作

タブレットパソコンの操作は、画面上でタッチ操作により行います。
タッチ対応モニターでは、マウスと同じ動作が、画面をタッチして行うことができます。

タップ
対象を1回トンとたたきます
（マウスの左クリックに相当）

ダブルタップ
対象をすばやく2回たたきます
（マウスのダブルクリックに相当）

ホールド
対象を少し長めに押します
（マウスの右クリックに相当）

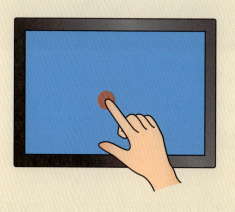

ドラッグ
対象に触れたまま、画面上を指でなぞり、上下左右に動かします

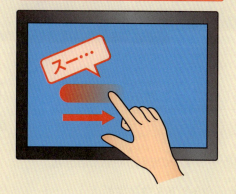

1-3 Windowsの画面とアプリケーションの起動

Windowsを起動すると、デスクトップが表示されます。デスクトップの画面は以下のようになっています。

◆ デスクトップの画面

デスクトップ
起動したアプリケーションの作業スペース。ファイルやフォルダを置ける

スタートボタン
スタートメニューを表示

スタートメニュー
アプリケーションの起動やWindowsの設定、シャットダウンなど

タスクバー
起動中のアプリケーションの切り替えやよく使うアイコンの登録

通知領域
実行中のアプリケーションの設定や日本語IME、音量、時間・日付の表示

◆ スタートボタン

　アプリケーションの起動やWindowsの設定、ファイルやフォルダへのアクセスには、スタートボタンを押します。

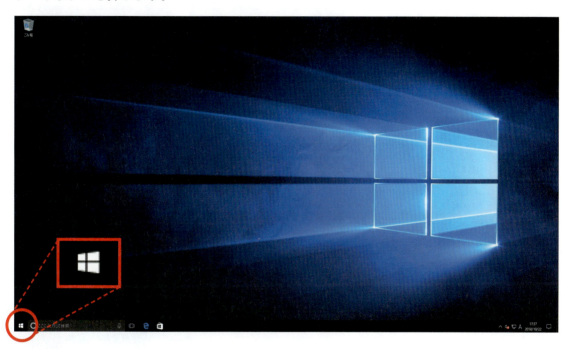

◆ スタートメニュー

　スタートメニューには、アプリケーションや設定ツールが並んでいます。

◆ スライダーを表示

スタートメニューには、一部のアプリケーションしか表示されていません。右図のところにマウスポインターをもっていくとスライダーが表示されます。スライダーをドラッグすると、表示されていないアプリケーションを選択できるようになります。

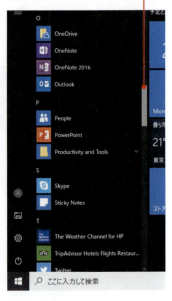

◆ アプリケーションの起動

スタートメニューでアイコンをクリックすると、アプリケーションが起動します。
　右図は、Wordを起動した例です。開始のメッセージのあとに、ファイルのテンプレート選択の画面になります。

◆ アプリケーションの検索

もし起動したいアプリケーションが、スタートメニューから探すことができなかったら、検索をしてみましょう。さまざまな検索に「Cortana」が利用できます。

右下図では、メモ帳を探すためにCortanaに「メモ」と入力しています。メモ帳がリストアップされています。クリックするとメモ帳が起動します。

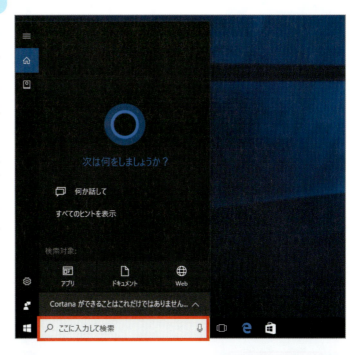

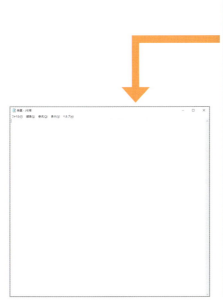

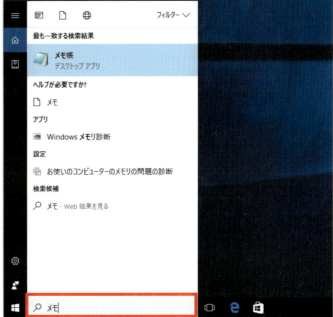

1-4 キーボードの名称と機能

文字を入力するときは、キーボードを使います。デスクトップパソコンのキーボードはテンキーがありますが、ノートパソコンにはテンキーがないものがあります。

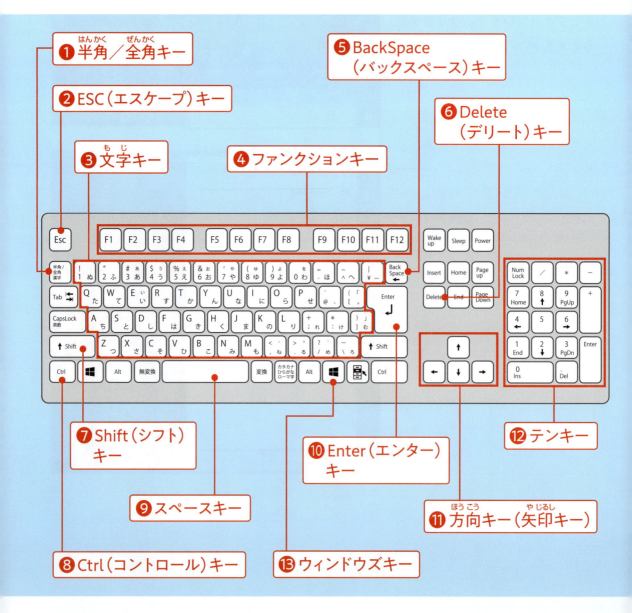

❶ 半角／全角キー
❷ ESC（エスケープ）キー
❸ 文字キー
❹ ファンクションキー
❺ BackSpace（バックスペース）キー
❻ Delete（デリート）キー
❼ Shift（シフト）キー
❽ Ctrl（コントロール）キー
❾ スペースキー
❿ Enter（エンター）キー
⓫ 方向キー（矢印キー）
⓬ テンキー
⓭ ウィンドウズキー

デスクトップパソコンのキーボード　　　ノートパソコンのキーボード

❶ 半角／全角キー
半角英数入力モードと日本語入力モードを切り替えます。

❷ Esc（エスケープ）キー
入力した内容や、選択した操作を取り消します。キャンセルしたいときに押します。

❸ 文字キー
キーボードに表示されている文字や数字、記号などを入力します。

❹ ファンクションキー
特殊な操作などに使用します。

❺ BackSpace（バックスペース）キー
｜（文字カーソル）の左側の文字を削除します。

❻ Delete（デリート）キー
｜（文字カーソル）の右側の文字を削除します。

❼ Shift（シフト）キー
アルファベットの大文字や記号の入力などに使用します。

❽ Ctrl（コントロール）キー
ほかのキーと組み合わせて使います。

❾ スペースキー
漢字変換や空白の入力に使用します。

❿ Enter（エンター）キー
入力の確定や改行などを行います。

⓫ 方向キー（矢印キー）
｜（文字カーソル）を移動します。

⓬ テンキー
数字の入力に使用します。

⓭ ウィンドウズキー
スタートメニューの表示や、ほかのキーと組み合わせて使用します。

1-5 ローマ字・ひらがな・漢字

パソコンで漢字を入力するためには、ローマ字、ひらがなの知識が必要です。日本語の入力方法には、かな入力とローマ字入力があります。一番よく使われる日本語の入力方法が、ローマ字入力です。ローマ字で入力して、ひらがなや漢字に変換します。

ローマ字・ひらがな・漢字の関係

ローマ字	yo ko ha ma
ひらがな	よ こ は ま
漢字	横浜

ローマ字	o ki na wa
ひらがな	お き な わ
漢字	沖縄

ローマ字	to u kyo u
ひらがな	と う きょ う
漢字	東京

ローマ字	fu ji sa nn
ひらがな	ふ じ さ ん
漢字	富士山

かな・ローマ字入力の対応表

かなとローマ字入力の関係は次の表のようになります。

あ A	い I	う U	え E	お O
か KA	き KI	く KU	け KE	こ KO
さ SA	し SI (SHI)	す SU	せ SE	そ SO
た TA	ち TI (CHI)	つ TU (TSU)	て TE	と TO
な NA	に NI	ぬ NU	ね NE	の NO
は HA	ひ HI	ふ HU (FU)	へ HE	ほ HO
ま MA	み MI	む MU	め ME	も MO
や YA		ゆ YU		よ YO
ら RA	り RI	る RU	れ RE	ろ RO
わ WA	うぃ WI	う WU	うぇ WE	を WO
ん NN		ヴ VU		
が GA	ぎ GI	ぐ GU	げ GE	ご GO
ざ ZA	じ ZI (JI)	ず ZU	ぜ ZE	ぞ ZO
だ DA	ぢ DI	づ DU	で DE	ど DO
ば BA	び BI	ぶ BU	べ BE	ぼ BO
ぱ PA	ぴ PI	ぷ PU	ぺ PE	ぽ PO
ぁ LA (XA)	ぃ LI (XI)	ぅ LU (XU)	ぇ LE (XE)	ぉ LO (XO)
ゃ LYA (XYA)	ゅ LYU (XYU)	ょ LYO (XYO)		っ LTU (XTU)

きゃ KYA	きぃ KYI	きゅ KYU	きぇ KYE	きょ KYO
しゃ SYA	しぃ SYI	しゅ SYU	しぇ SYE	しょ SYO
ちゃ TYA	ちぃ TYI	ちゅ TYU	ちぇ TYE	ちょ TYO
にゃ NYA	にぃ NYI	にゅ NYU	にぇ NYE	にょ NYO
ひゃ HYA	ひぃ HYI	ひゅ HYU	ひぇ HYE	ひょ HYO
みゃ MYA	みぃ MYI	みゅ MYU	みぇ MYE	みょ MYO
りゃ RYA	りぃ RYI	りゅ RYU	りぇ RYE	りょ RYO
ふぁ FA	ふぃ FI	ふゅ FYU	ふぇ FE	ふぉ FO
		どぅ DWU		
ぎゃ GYA	ぎぃ GYI	ぎゅ GYU	ぎぇ GYE	ぎょ GYO
じゃ ZYA (JA)	じぃ ZYI	じゅ ZYU	じぇ ZYE	じょ ZYO (JO)
ぢゃ DYA	ぢぃ DYI	ぢゅ DYU	ぢぇ DYE	ぢょ DYO
びゃ BYA	びぃ BYI	びゅ BYU	びぇ BYE	びょ BYO
ぴゃ PYA	ぴぃ PYI	ぴゅ PYU	ぴぇ PYE	ぴょ PYO
てぃ THI	てゅ THU			
でぃ DHI	でゅ DHU			

1-6 タッチタイピング

タッチタイピング（Touch typing）とは、パソコンのキーボードを打つときに、キーボードを見ないで押すことをいいます。ブラインドタッチともいいます。

ホームポジション

　タッチタイピングを行う場合、指を置く位置が重要です。タッチタイピングを行うとき、基本となる指を置く位置をホームポジションといいます。
　キーボードによる入力を始めるとき、右手は人差し指から小指の順に J、K、L、;、左手は人差し指から小指の順に F、D、S、A、両手の親指はスペースキーの上に置きます。見なくてもわかるように F キーと J キーには小さな突起（でっぱり）がついています。F キーには左手の人差し指、J キーには右手の人差し指を置きます。

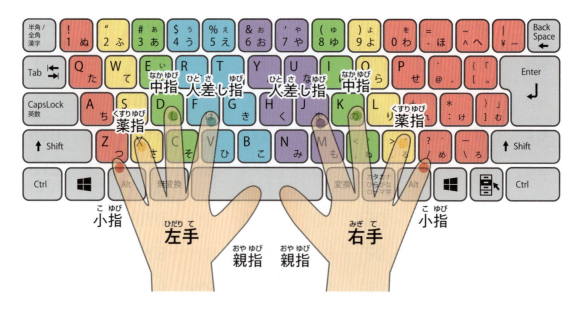

タッチタイピングソフトウェア

タッチタイピングの練習には、タッチタイピングソフトウェアが便利です。タッチタイピングソフトウェアにはフリーソフトウェアの「MIKATYPE」(今村二郎氏開発)があります。MIKATYPEは次のURLよりダウンロードできます。

● MIKATYPE ダウンロード先
http://www.asahi-net.or.jp/~BG8J-IMMR/

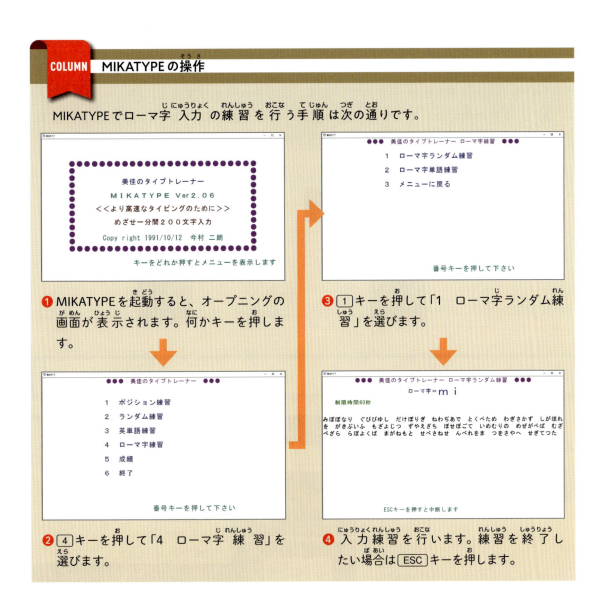

1-7 入力モードと日本語IME

パソコンで文字入力や文字変換を行うしくみをIME (Input Method Editor) といいます。特に、日本語の入力システムは「日本語IME」と呼ばれています。Windowsには、Microsoft社製の日本語IMEが入っています。

半角英数入力モードと日本語入力モード

日本語IMEには何種類かの入力モードがあります。Windowsの画面右下を見てみましょう。[A]もしくは[あ]と表示されています。ここをクリックすると、[A]→[あ]→[A]→[あ]と交互に切り替わります。画面の真ん中にも大きく[あ]や[A]と表示されます。このときの[A]が半角英数入力モード、[あ]が日本語入力モードです。

入力モードの切り替え

入力モードはほかにも種類があります。画面右下の[A]または[あ]のところを右クリックしてみましょう。

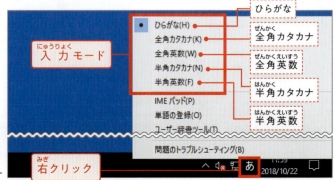

メニューの上にある項目が入力モードです。メニューには、[あ]の「ひらがな」や[A]の「半角英数」以外にも「全角カタカナ」「全角英数」「半角カタカナ」が用意されています。

メニューから選ぶと、画面右下の表示は次のように切り替わります。

半角英数入力モード
日本語入力モード（ひらがな入力モード）
全角カタカナモード
全角英数モード
半角カタカナモード

なお、半角英数入力と日本語入力（ひらがな入力）は、キーボードの[半角／全角漢字]キーでも切り替えることができます。とてもよく使われるので、覚えておきましょう。

入力される文字

それぞれの入力モードで、どのような文字を入力できるのか、メモ帳やワードパッド、WordやExcelなどを使って、実際に試してみましょう。メモ帳は、次の手順で起動できます。

1 [スタート]ボタンをクリックします。
2 [Windowsアクセサリ]をクリックします。
3 [メモ帳]をクリックします。

●入力される文字

aaaaa1111 — 半角英数入力モード
ああああ — 日本語入力モード（ひらがな入力モード）
アアアアア — 全角カタカナモード
ａａ１１Ａ — 全角英数モード
ｱｱｲｲｲｲ111 — 半角カタカナモード

1-8 ひらがなの入力と漢字変換

ローマ字によるひらがなの入力と、漢字への変換の基本について説明します。IMEパッドによる漢字の入力方法にも触れます。

ローマ字入力とかな入力

漢字の入力は、IMEを日本語入力モード（ひらがな入力モード）に切り替え、ひらがなを入力しながら漢字に変換します。

ひらがなの入力は、「ローマ字入力」と「かな入力」の2種類があります。切り替えは画面右下の［あ］を右クリックして、IMEオプションから行います（左下図）。たとえば、「あ」を入力する場合、ローマ字入力はキーボードの A ち キー、かな入力は #あ 3あ キーを押します（右下図）。なお、本書ではローマ字入力を基本に進めていきます。

● IMEオプションのローマ字入力とかな入力の切り替え

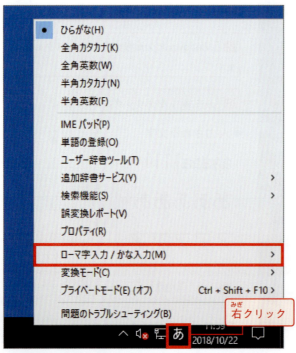

● 「あ」を入力するときのキー

漢字の入力（1文字ごと）

漢字への変換はひらがなを入力したあとにスペースキーまたは［変換］キーを押します。
「沖」という1文字の漢字を例に、ひらがなから漢字への変換方法を説明します。

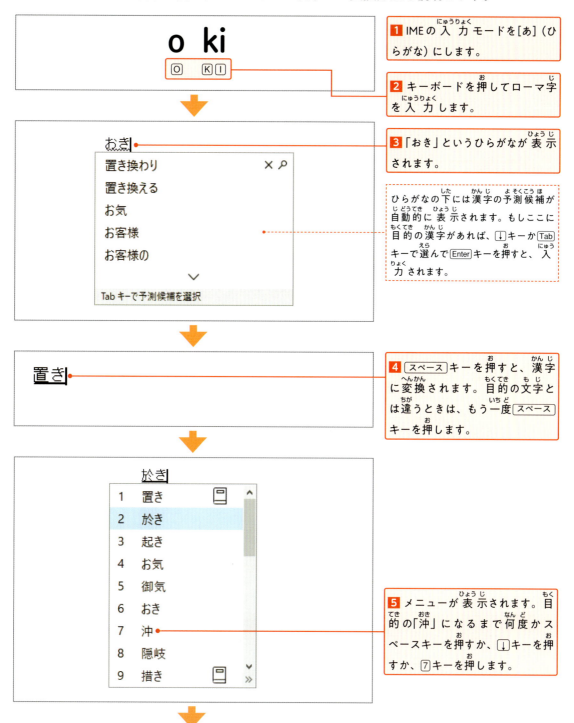

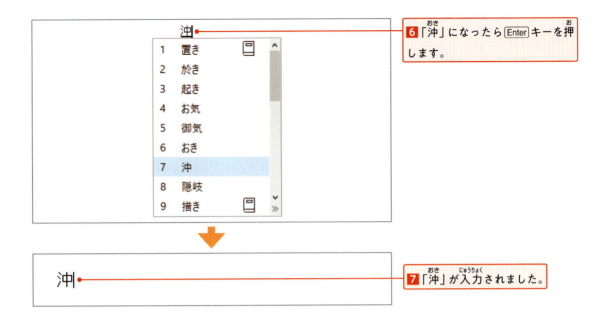

漢字の入力（単語ごと）

「沖縄」という漢字を入力してみます。今度は単語で入力します。

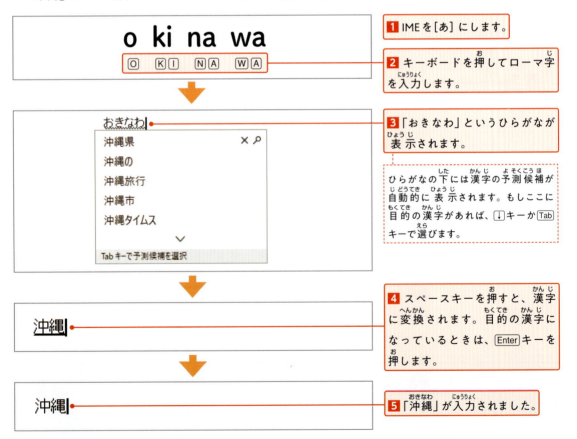

漢字の入力（IMEパッド）

読み方がわからない漢字を入力するときに便利なのがIMEオプションのIMEパッドです。マウスで文字の形を書き込めば、似たような漢字を探してくれます。

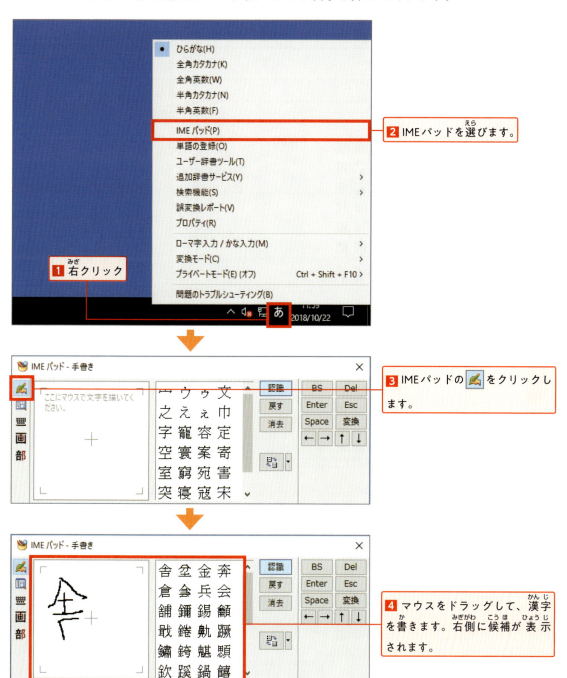

5 マウスポインターを漢字に合わせると「ひらがなでのよみかた」（読み仮名といいます）が表示されます。

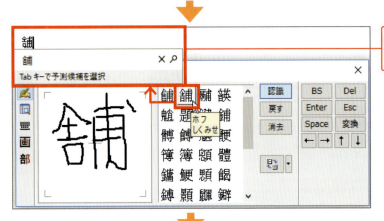

6 候補の漢字をクリックすると、文書に文字が入力されます。

7 [ENTER]キーで確定します。

8 [X]ボタンをクリックすると終了します。

> **Point** IMEパッドのボタン

IMEパッドには、1つ前に戻したり、消去するボタンがあります。また、キーボードと同じ機能のボタンが一部、用意されています。

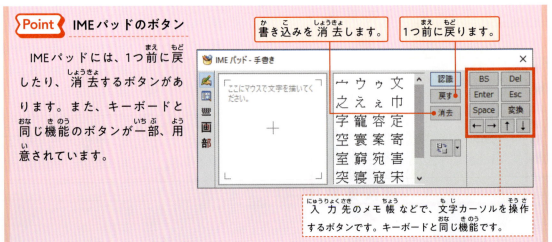

書き込みを消去します。

1つ前に戻ります。

入力先のメモ帳などで、文字カーソルを操作するボタンです。キーボードと同じ機能です。

2章

フォルダーや
ファイル操作の基本 編

2-1 ウィンドウの操作

Windowsではアプリケーションを起動すると、ほとんどの場合、ウィンドウで表示されます。ウィンドウの一例として、ファイル操作で利用するエクスプローラーの画面を下記に示します（エクスプローラーもアプリケーションのひとつです）。なお、Windows10ではアプリケーションのことをアプリと表記していることがあります。

◆ ウィンドウの各部の名前

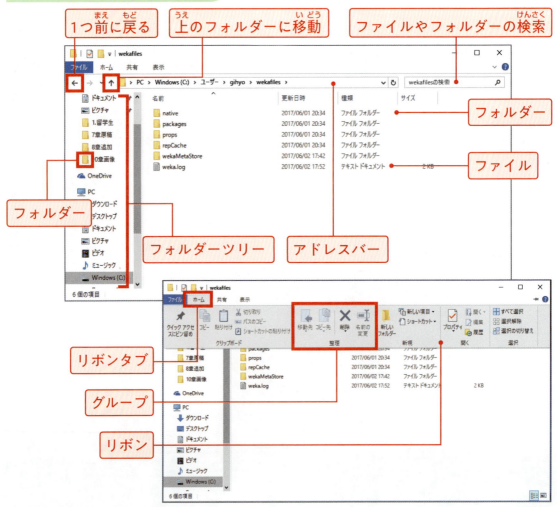

◆ ウィンドウの選択

ウィンドウを選ぶときは、ウィンドウをクリックします。

ウィンドウの上の部分をクリックするとよいでしょう。

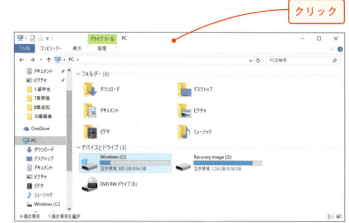
クリック

◆ ウィンドウの移動

ウィンドウの上の部分をドラッグすると移動します。

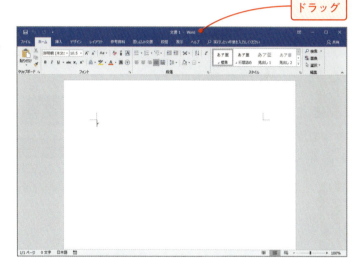
ドラッグ

> **Point** アプリケーションの選択（切り替え）
>
> 複数のアプリケーションが起動しているときは、画面下にあるタスクバーに並びます。アプリケーションを切り替えるには、タスクバーのアイコンをクリックします。
>
> クリックでアプリケーションの選択（切り替え）

◆ ウィンドウの最大化

ウィンドウを画面いっぱいに表示する場合は、最大化ボタンをクリックします。

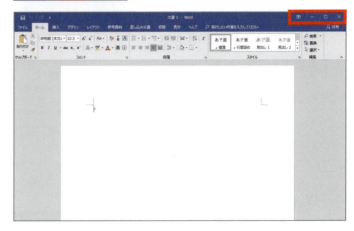

◆ ウィンドウの最小化

画面をかくす場合は、最小化ボタンをクリックします。

画面から消えますが、アプリケーションは終了していません。

タスクバーのアイコンをクリックすると画面に表示されます。

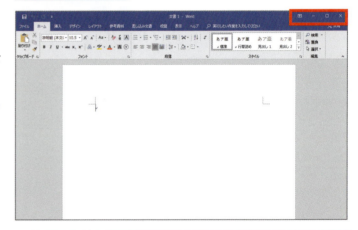

> **Point** 終了のときは「閉じる」ボタン
>
> アプリケーションを終了する場合には、「閉じる」ボタンをクリックします。
>
> もし、「閉じる」ボタンをクリックした場合に、ファイルが保存されていなかったときは、右図のような保存のためのウィンドウが表示されます。
>
>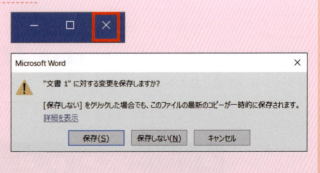

◆ アプリケーションの切り替えでこまったら

アプリケーションの切り替えでこまったら、Alt+Tabキー（Altキーを押しながらTabキーを押す）を押してみましょう。現在起動中のアプリケーションの一覧が表示されます。Altキーを押しながらTabキーを何度か押して、使用したいアプリケーションに切り替えます。

Point　Windowsの設定とセキュリティ

スタートメニューには、Windowsの設定を行うアイコンがあります。
自分でコンピュータを管理するときは、このアイコンをクリックすると各種設定が行えます。
特に、セキュリティ対策のため「更新とセキュリティ」を実行して、Windowsを最新の状態にしてください。

41

2-2 ファイル／フォルダーの作成と移動

Windowsでは、ファイルやフォルダーが数多く保存されています。ファイルとは文字や画像、音声などのデータです。フォルダーは複数のファイルをまとめる入れものです。

◆ エクスプローラーの起動

ファイルの作成や削除などの操作をするアプリケーションはエクスプローラーです。

スタートメニューからの起動できますが、Windowsキーを押しながら e キーを押しても起動します。

◆ フォルダーの作成

新しいフォルダーを作成する場合は、[ホーム] タブの [新しいフォルダー] で作成できます。

◆ 削除

ファイルやフォルダーを削除する場合は、デスクトップにあるゴミ箱にドラッグして入れます。ごみ箱の上に重ねドラッグをやめると、ゴミ箱に入ります。

◆ コピー・貼り付け

ファイルのコピーは、ファイルを選択し、[ホーム]タブで[コピー]をクリックします。

コピー先のフォルダに移動し、[ホーム]タブから、[貼り付け]をクリックすれば、コピーが実行されます。

◆ 移動(切り取り・貼り付け)

ファイルの移動は、ファイルを選択し、[ホーム]タブの[切り取り]をクリックします。

コピー先のフォルダーに移動し[ホーム]タブの、[貼り付け]をクリックすれば移動が実行されます。

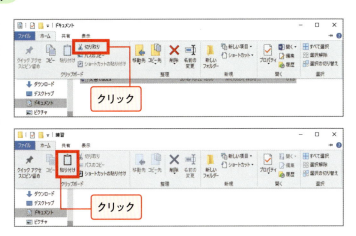

2-3 ファイル／フォルダーの表示の変更

エクスプローラーでファイルやフォルダーの閲覧ができます。表示方法を変更し利用できます。

◆ 表示の変更

［表示］タブでファイルやフォルダーの表示方法が変更できます。

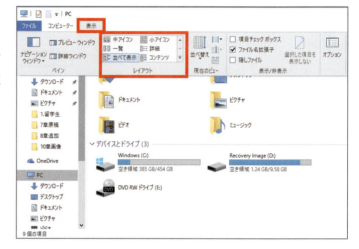

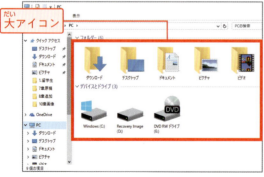
大アイコン

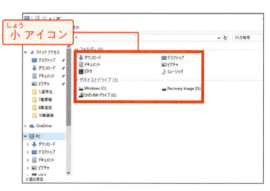
小アイコン

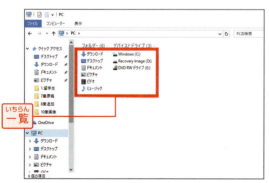
一覧

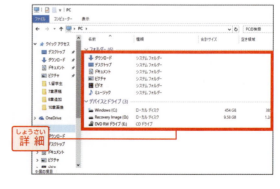
詳細

◆ 名前の変更

ファイルやフォルダーの名前の変更は、[ホーム]タブの[名前の変更]で行います。

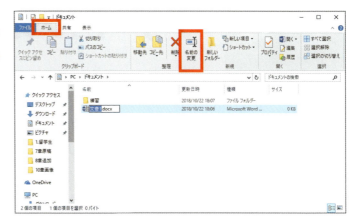

◆ 並べ替え

ファイルやフォルダーの並び順の変更は、[表示]タブの「並べ替え」をクリックします。

> Point　右クリックの利用
>
> ファイルやフォルダーを選択し、右クリックをすると、[コピー]や[移動]、[貼り付け]のメニューが表示されます。[ホーム]タブのボタンと同じ操作ができます。
>
>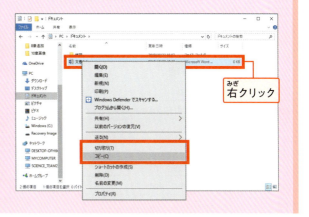

2-4 ファイルの拡張子

Windowsでは、ファイルをダブルクリックすると関連づけられたアプリケーションで起動します。これはファイルとアプリケーションの関連を拡張子で判別しているからです。拡張子とはファイル名の右の「.」につづく3文字か4文字の英数字です。アプリケーションごとにその英数字は決められています。

◆ 拡張子の表示

拡張子を表示するには[表示]タブの[ファイル名拡張子]にチェックを入れます。

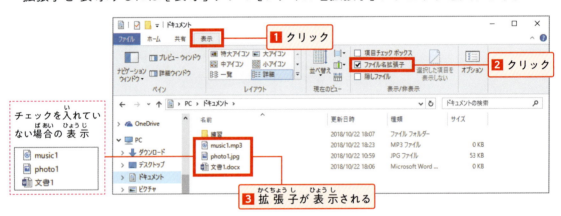

◆ 拡張子のリスト

アプリケーションごとに拡張子は決められています。
主なアプリケーションと拡張子の一覧です。

拡張子	主なアプリケーション
.txt	メモ帳
.doc	Word
.docx	Word
.xls	Excel
.xlsx	Excel
.ppt	PowerPoint
.pptx	PowerPoint
.jpg	フォト

拡張子	主なアプリケーション
.jpeg	フォト
.gif	フォト
.png	フォト
.bmp	フォト
.mp3	Windows Media Player
.mpg	Windows Media Player
.mpeg	Windows Media Player
.zip	エクスプローラー

関連づけの変更

拡張子とアプリケーションの関連は、次の手順で変更できます。

変更したい拡張子のファイルを右クリックし、[プログラムから開く]→[別のプログラムを選択]をクリックします。

次に[その他のオプション]や[その他のアプリケーション]で変更したいアプリケーションを選択します。

[常にこのアプリケーションを使ってxxxを開く]にチェックを入れると、次回からダブルクリックしたときに、指定したアプリケーションで開きます。

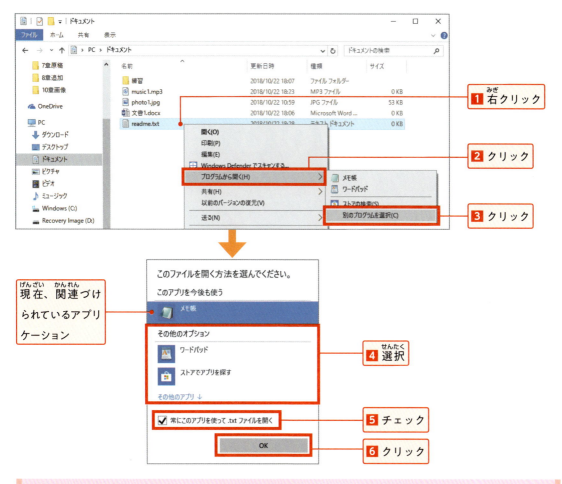

> **Point 拡張子の変更**
>
> ファイル名の変更で、拡張子を変更した場合、右図のようなメッセージが表示されることがあります。
>
> もし、変更しないときは「いいえ」をクリックします。変更するときは「はい」をクリックします。

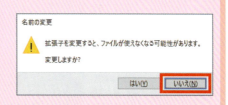

3章 Word編

3-1	Wordの基本	49
3-2	入力操作の基本	65
3-3	文字と段落の書式	79
3-4	箇条書き	91
3-5	表の作成	99
3-6	グラフィック要素1	113
3-7	グラフィック要素2	127
3-8	グラフィック要素3	137
3-9	はがきの作成	147
3-10	スマートアート	159
3-11	レイアウトの工夫	169
3-12	長文の作成に便利な機能	179
3-13	グリーティングカード	191
3-14	文書作成の応用例1	201
3-15	文書作成の応用例2	211

3-1 Wordの基本

Wordの起動や終了、文書の保存など、基本操作について学びます。

学ぶこと
- 3-1-1 Wordの起動と終了、保存フォルダーの作成
- 3-1-2 Wordの画面
- 3-1-3 「新規文書の作成」と「文書を閉じる」
- 3-1-4 文書の保存
- 3-1-5 文書の読み込み
- 3-1-6 文書の印刷

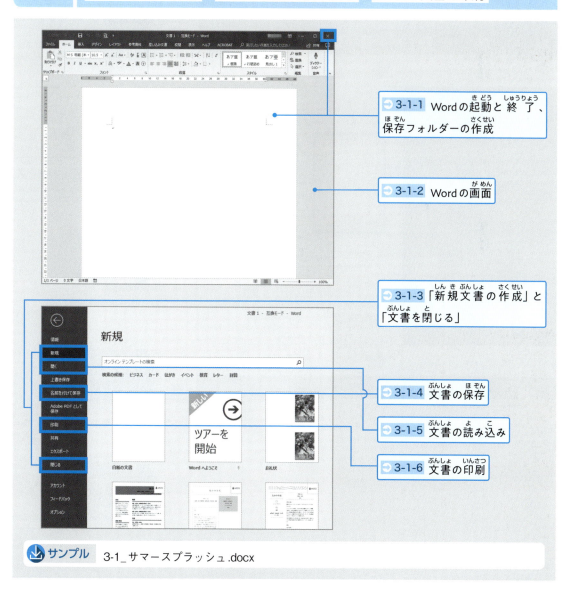

サンプル 3-1_サマースプラッシュ.docx

3-1-1 Wordの起動と終了、保存フォルダーの作成

Wordの起動と終了

Wordの起動と終了方法を学びます。

1 ■（スタートボタン）をクリックします。

2 W Word をクリックします。

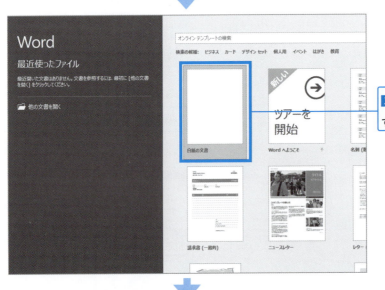

3 ［白紙の文書］をクリックします。

4 白紙の文書が開きました。

この白紙の文書のことを「新規文書」ともいいます。ここから文書の作成を行うことができます。

タイトルバーには「文書1」と表示されています。

5 ×（閉じる）をクリックするとWordが終了します。

「ドキュメント」に自分用の保存フォルダーを作成

　これから学習する文書を「ファイルとして保存」するためのフォルダーを準備します。「ドキュメント」フォルダーにファイル保存用のフォルダーを作成しましょう。手順は次の通りです。

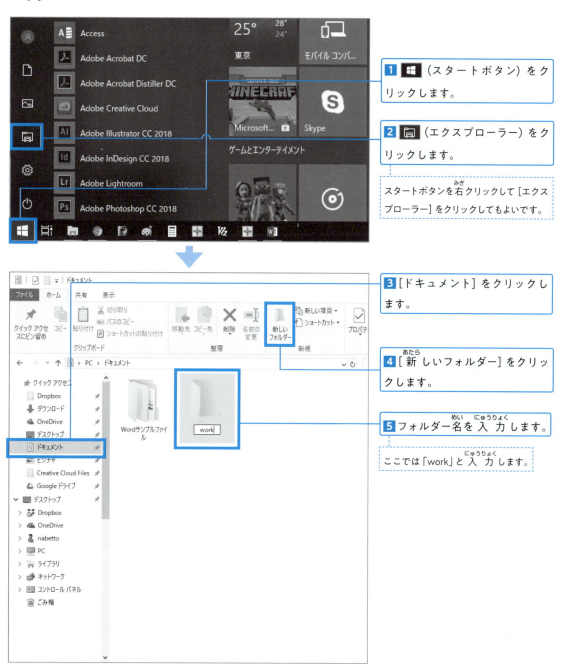

1 ■（スタートボタン）をクリックします。

2 ■（エクスプローラー）をクリックします。

スタートボタンを右クリックして[エクスプローラー]をクリックしてもよいです。

3 [ドキュメント]をクリックします。

4 [新しいフォルダー]をクリックします。

5 フォルダー名を入力します。

ここでは「work」と入力します。

3-1-2 Wordの画面

Wordの画面の各部は、それぞれの役目があります。Wordを始める前にWordの画面の各部の役割を理解しましょう。

Wordの構成要素

Wordの画面の各部には次のような名前が付いています。また各部にはそれぞれの役割があります。

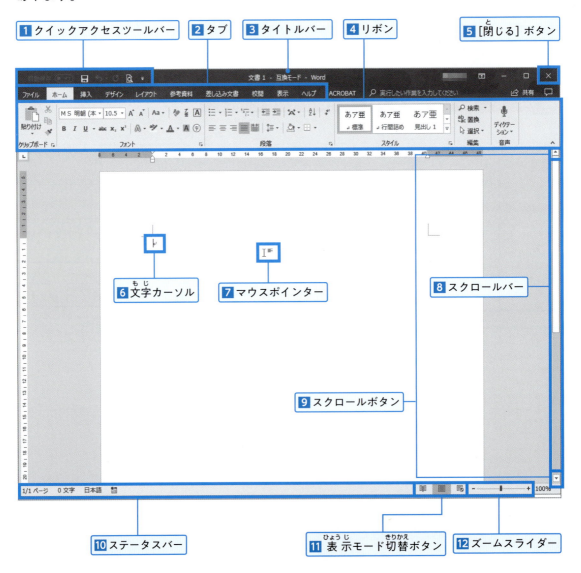

1 クイックアクセスツールバー
よく使うコマンドを登録できます。

2 タブ
クリックするとリボンの内容が変わります。

3 タイトルバー
ファイル名（文書名）が表示されます。

4 リボン
操作に必要な機能がグループになっています。

5 [閉じる]ボタン
Wordが終了します。

6 文字カーソル
文字を入力する位置です。

7 マウスポインター
マウスの位置が表示されます。

8 スクロールバー
上下にドラッグすると、画面がスクロールします。

9 [スクロール]ボタン
[▲]や[▼]をクリックすると画面がスクロールします。

10 ステータスバー
文書のページ数や文字数が表示されます。

11 [表示モード切替]ボタン
クリックすると、画面の表示形式が変わります。まん中の[印刷レイアウト]が標準です。

12 ズームスライダー
[I]（ズーム）を左右にドラッグすると表示の大きさの比率が変わります。
[−]（縮小）をクリックすると表示が小さくなります。
[＋]（拡大）をクリックすると表示が大きくなります。

Point　表示モード切替ボタン

[表示モード切替]ボタンは、左から[閲覧モード][印刷レイアウト][Webレイアウト]になります。標準では[印刷レイアウト]になっています。その他の表示は次の通りです。

● [閲覧モード]

● [Webレイアウト]

3-1-3 「新規文書の作成」と「文書を閉じる」

3-1-1では、Wordを起動したときに［白紙の文書］を選ぶことで、新規文書が作成されました。また［x］（閉じる）をクリックすると終了しました。別の方法としてWordには起動したあとに、［ファイル］タブから、新規文書を作成したり、文書を閉じる方法があります。

［ファイル］タブから新規文書を作成する手順

1 ⊞（スタートボタン）をクリックします。

2 ［Word］をクリックします。

3 ［白紙の文書］をクリックします。

4 「文書1」が作成されました。

5 ［ファイル］をクリックします。

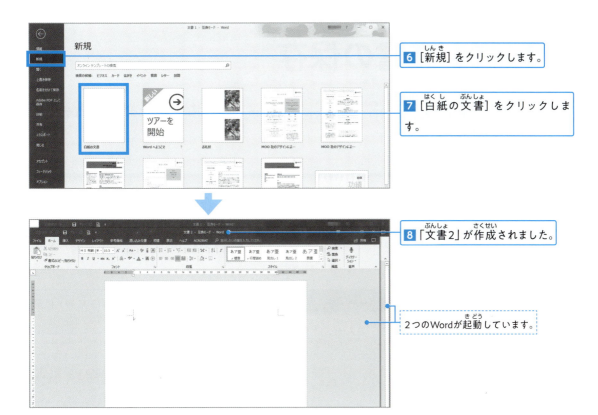

6 [新規] をクリックします。

7 [白紙の文書] をクリックします。

8 「文書2」が作成されました。

2つのWordが起動しています。

「文書を閉じる」手順

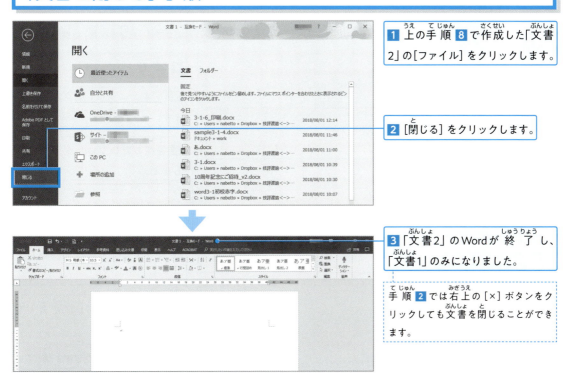

1 上の手順 8 で作成した「文書2」の[ファイル] をクリックします。

2 [閉じる] をクリックします。

3 「文書2」のWordが終了し、「文書1」のみになりました。

手順 2 では右上の[×]ボタンをクリックしても文書を閉じることができます。

3-1-4 文書の保存

作成した文書をファイルとして保存する方法を学びます。保存方法には、[名前を付けて保存]と、[上書き保存]があります。

「名前を付けて保存」の手順

[名前を付けて保存]は一度も保存していない新規文書や別の名前を付けて保存したいときに選びます。

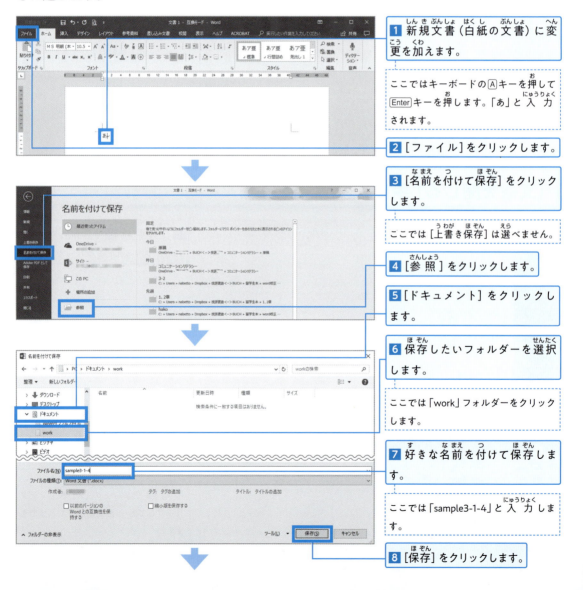

1 新規文書(白紙の文書)に変更を加えます。

ここではキーボードの A キーを押して Enter キーを押します。「あ」と入力されます。

2 [ファイル]をクリックします。

3 [名前を付けて保存]をクリックします。

ここでは[上書き保存]は選べません。

4 [参照]をクリックします。

5 [ドキュメント]をクリックします。

6 保存したいフォルダーを選択します。

ここでは「work」フォルダーをクリックします。

7 好きな名前を付けて保存します。

ここでは「sample3-1-4」と入力します。

8 [保存]をクリックします。

9 タイトルバーが入力したファイル名になりました。

「上書き保存」の手順

名前を付けて保存したあとに文書の内容を変更し、保存したいときは、[上書き保存]を選びます。もし、別の名前で保存したいときは、[名前を付けて保存]を選びます。

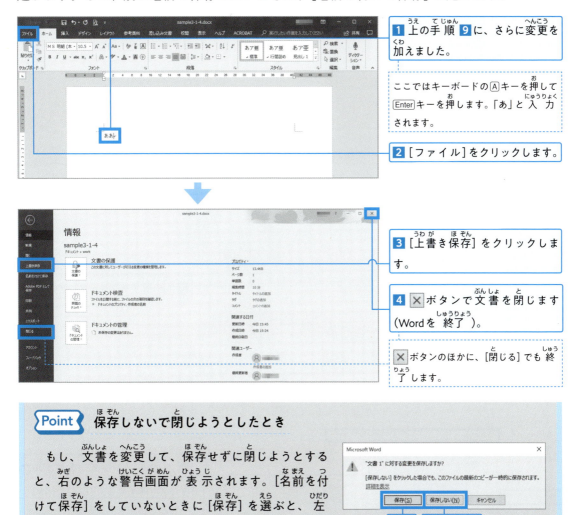

1 上の手順 9 に、さらに変更を加えました。

ここではキーボードの A キーを押して Enter キーを押します。「あ」と入力されます。

2 [ファイル]をクリックします。

3 [上書き保存]をクリックします。

4 ✕ ボタンで文書を閉じます（Word を終了）。

✕ ボタンのほかに、[閉じる]でも終了します。

Point 保存しないで閉じようとしたとき

もし、文書を変更して、保存せずに閉じようとすると、右のような警告画面が表示されます。[名前を付けて保存]をしていないときに[保存]を選ぶと、左ページ手順 4 の画面が表示されます。

保存　保存しない

3-1-5 文書の読み込み

ファイルに保存した文書や本書のサンプルファイルは次の手順でWordに読み込みます。「文書の読み込み」のことを「ファイルを開く」ともいいます。

「読み込み」の手順

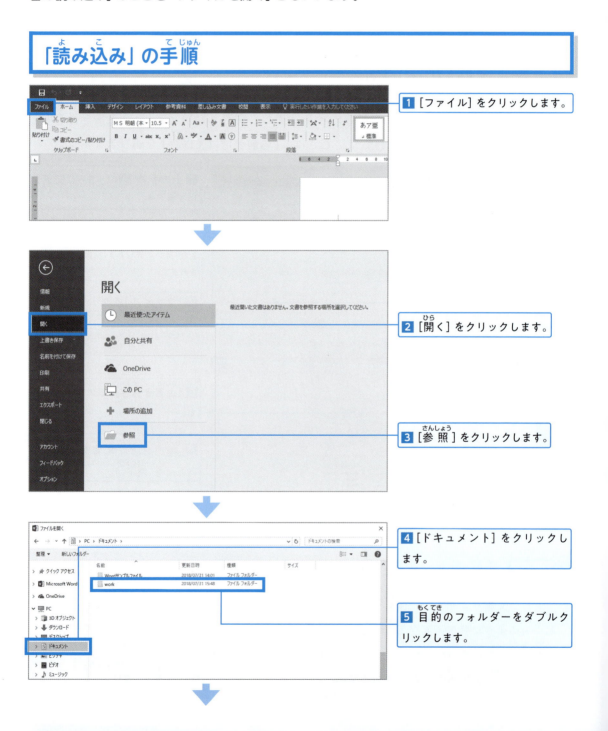

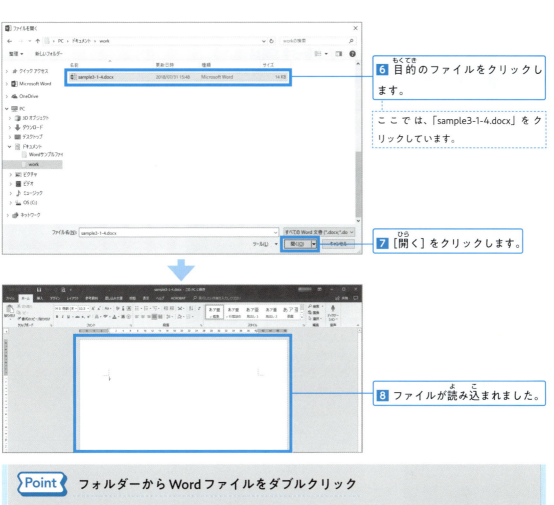

6 目的のファイルをクリックします。

ここでは、「sample3-1-4.docx」をクリックしています。

7 [開く]をクリックします。

8 ファイルが読み込まれました。

> **Point** フォルダーからWordファイルをダブルクリック

エクスプローラーからフォルダーのなかにあるWordファイルをダブルクリックしても、文書が読み込まれます。

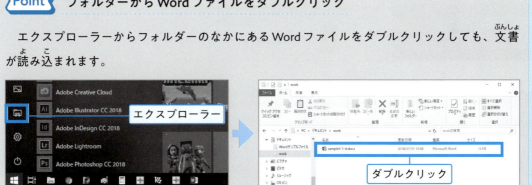

> **Point** ダウンロードしたファイルを開く場合

インターネットから入手したファイルは、コンピューターを保護するために「読み取り専用」として保護ビューで開かれます。この状態では文書作成ができませんので、[編集を有効にする]ボタンをクリックします。

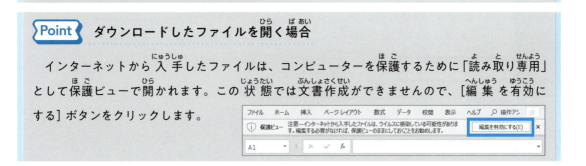

3-1-6 文書の印刷

Wordの文書は次の手順で印刷できます。サンプルファイルを開いて印刷してみましょう。

サンプルファイルの読み込み
サンプル 3-1_サマースプラッシュ.docx

5 [ドキュメント] をクリックします。

6 [Wordサンプルファイル] をクリックします。

7 [3-1] をクリックします。

8 「サマースプラッシュ.docx」をクリックします。

9 [開く] をクリックします。

「印刷」の手順

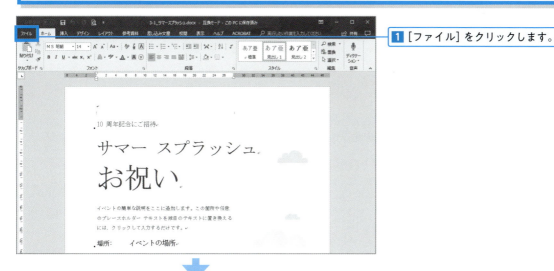

1 [ファイル] をクリックします。

2 [印刷] をクリックします。

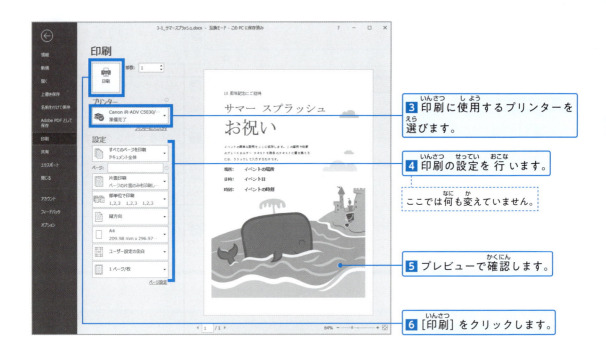

3 印刷に使用するプリンターを選びます。

4 印刷の設定を行います。

ここでは何も変えていません。

5 プレビューで確認します。

6 [印刷]をクリックします。

Point 印刷の設定

印刷の画面では、印刷部数や用紙サイズなどの印刷に関する設定ができます。

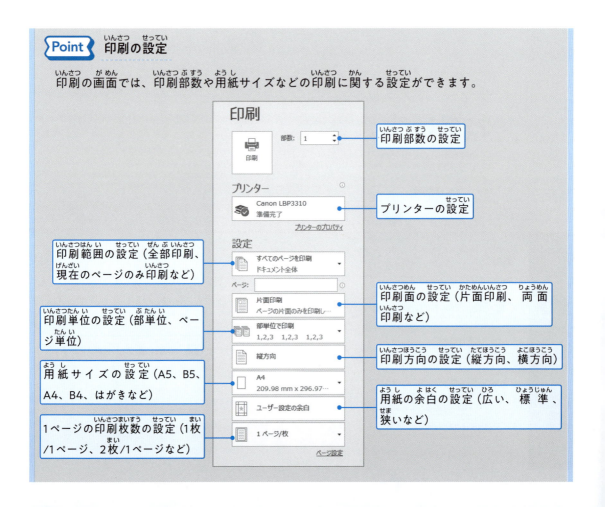

- 印刷部数の設定
- プリンターの設定
- 印刷範囲の設定（全部印刷、現在のページのみ印刷など）
- 印刷単位の設定（部単位、ページ単位）
- 用紙サイズの設定（A5、B5、A4、B4、はがきなど）
- 印刷面の設定（片面印刷、両面印刷など）
- 印刷方向の設定（縦方向、横方向）
- 用紙の余白の設定（広い、標準、狭いなど）
- 1ページの印刷枚数の設定（1枚/1ページ、2枚/1ページなど）

Point ショートカットキー一覧

ショートカットキーとは、キーボードのキーを組み合わせて行う操作です。マウスに手を伸ばさず行えるので、覚えると、作業がとてもスピードアップします。たとえば、Ctrl + N と書いてある場合、Ctrlキーを押しながら、Nキーを押します。たくさんのショートカットキーがありますが、下記はその一部です。

キー	操作
Ctrl + N	新規作成
Ctrl + O	文書を開く
Ctrl + W	文書を閉じる
Alt + F4	Wordの終了
F12	名前を付けて保存
Ctrl + S	上書き保存
Ctrl + X	切り取り
Ctrl + C	コピー
Ctrl + V	貼り付け
Ctrl + Z	元に戻す
Ctrl + Y	やり直し
Ctrl + P	印刷
F4	繰り返し
Ctrl + Home	カーソルを文頭に移動
Ctrl + End	カーソルを文末に移動
Ctrl + B	文字を太字にする
Ctrl + I	文字を斜体にする
Ctrl + U	文字に下線を引く
Ctrl + R	右揃えにする
Ctrl + E	中央揃えにする
Ctrl + ENTER	改ページ

Point [上書き保存]ボタンですばやく保存

上書き保存はショートカットキー Ctrl + S でもすばやくできますが、クイックアクセスツールバーの[上書き保存]ボタンも、クリックするだけですばやく上書き保存ができます。このようにWordには1つの操作に複数のやり方が用意されています。

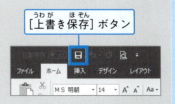

[上書き保存]ボタン

練習問題

課題1 Wordを起動して白紙の文書以外を開いてみましょう。

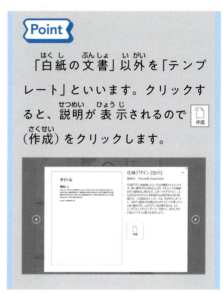

Point

「白紙の文書」以外を「テンプレート」といいます。クリックすると、説明が表示されるので（作成）をクリックします。

課題2 「課題1」で開いた文書を「ドキュメント」フォルダーに名前を付けて保存しましょう。

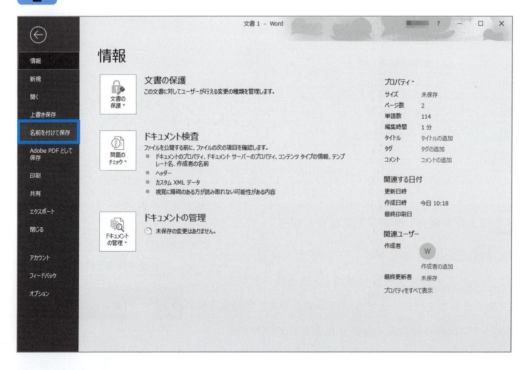

3-2 入力操作の基本

ここでは、文字の入力など、入力操作の基本について学びます。さまざまな文字表示や文字の修正、さらに文字の検索やコピー方法について学びます。

学ぶこと
- 3-2-1 ひらがなの入力と改行
- 3-2-2 文節の変更と漢字変換
- 3-2-3 ひらがなからカタカナ、ローマ字への変更
- 3-2-4 文字の削除と挿入
- 3-2-5 文字の検索と置換
- 3-2-6 文字のコピーと貼り付け

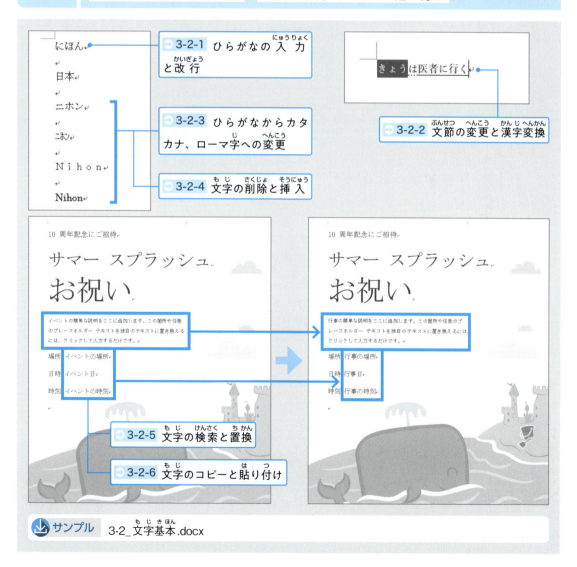

サンプル 3-2_文字基本.docx

3-2-1 ひらがなの入力と改行

日本語の文字の入力方法には、「ローマ字入力」と「かな入力」があります。本書では、「ローマ字入力」による「ひらがな」の入力方法について解説します。また、改行の方法を学びます。

ひらがなの入力

ローマ字入力「にほん」と入力してみましょう。

| に| |

1 [N][I]の順にキーを押します。

↓

| にほ| |

2 [H][O]の順にキーを押します。

↓

| にほん| |

3 [N][N]の順にキーを押します。

↓

| にほん| |

4 [Enter]キーを押して、確定します。

> **Point** 「ローマ字入力」にはローマ字が必要
>
> 本書では「ローマ字入力」で文字の入力を行います。そのためローマ字を覚えなくてはいけません。「ローマ字」に関しては、1章を参照してください。

改行

改行はEnterキーを押します。カーソルが下の行に移動します。1行目に「にほん」、2行目に「ふじさん」と入力してみましょう。

にほん|↵

1 N I H O N Nの順にキーを押します。

2 Enterキーを押して、確定します。

↓

にほん↵
|↵

3 もう一度、Enterキーを押して改行します。

↓

にほん
ふじさん|↵

4 F U J I S A N Nの順にキーを押します。

5 Enterキーを押して、確定します。

Point 全角文字と半角文字

文字には「全角文字」と「半角文字」があります。ひらがな、漢字はすべて全角文字です。カタカナ、数字、アルファベットは全角文字と半角文字のどちらかを選んで入力します。

ア A　ア A
全角文字　　半角文字

Point 入力する文字の選び方

Windowsの画面右下にあ Aと表示されています。ここを右クリックするとメニューが表示されるので選びます。

abc123|↵

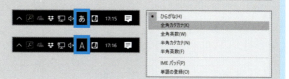

3-2-2 文節の変更と漢字変換

ひらがなを入力したあと、漢字に変換して、漢字を入力する方法を学びます。なお、漢字の入力の基本については1章も参照してください。

漢字の入力方法

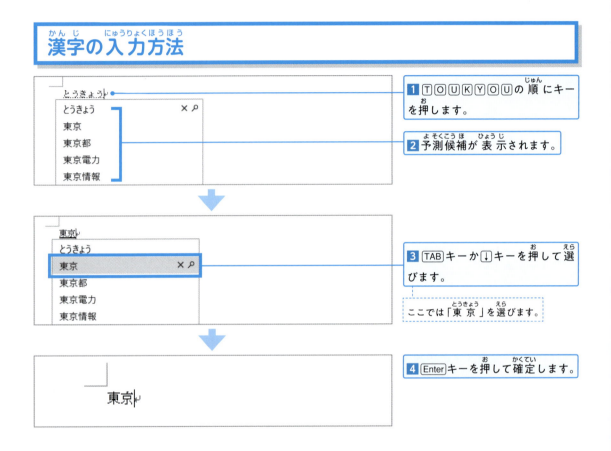

文節の変更と漢字の入力

ひらがなを入力して、うまく漢字に変換できないときに行う操作が「文節の変更」です。ひらがなのどの部分を漢字にしたいかを指定できます。文章を入力するときに便利です。「今日歯医者に行く」という文を入力してみましょう。

3-2-3 ひらがなからカタカナ、ローマ字への変更

F1やF2キーのことをファンクションキーといいます。ファンクションキーを押すことで入力した文字を、他の文字表示に変更することができます。

ファンクションキーによる変換

◆ ひらがな → カタカナ（全角）

| よこはま |

1 Y O K O H A M A の順にキーを押します。

| ヨコハマ |

2 F7 キーを押します。

| ヨコハマ |

3 Enter キーを押して、確定します。

◆ ひらがな → カタカナ（半角）

| よこはま |

1 Y O K O H A M A の順にキーを押します。

| ﾖｺﾊﾏ |

2 F8 キーを押します。

| ﾖｺﾊﾏ |

3 Enter キーを押して、確定します。

◆ ひらがな → ローマ字（全角）

よこはま|

⬇

y o k o h a m a

⬇

y o k o h a m a

1. Y O K O H A M A の順にキーを押します。

2. F9 キーを押します。

3. Enter キーを押して、確定します。

◆ ひらがな → ローマ字（半角）

よこはま|

⬇

yokohama|

⬇

yokohama|

1. Y O K O H A M A の順にキーを押します。

2. F10 キーを押します。

3. Enter キーを押して、確定します。

Point　入力したあとでも変更できる

Enter キーを押して確定したあとに文字をドラッグして選択し、スペース キーや 変換 キー、F7 キーなどを押しても文字を変更することができます。
漢字の場合も、それぞれ同様の方法で表示を変更することができます。

文字をドラッグして選択　　F10 キー　　Enter キー

横浜　➡　yokohama　➡　yokohama

71

3-2-4 文字の削除と挿入

カーソルを操作して、文字の削除と文字の挿入を行うことができます。削除の方法には、Back spaceキーによる削除、Deleteキーによる削除、選択して削除の3つあります。

文字の削除

東京都港区|↵

1 まず、東京都港区と入力します。

TOUKYOUTOMINATOKUとキーを押します。

◆ カーソルの左の文字を削除 Back space キー

東京都港区|↵

2 Back spaceキーを押します。

⬇

東京都港|↵

3 カーソルの左側の文字が削除されました。

ここでは「区」が削除されました。

◆ カーソルの右の文字を削除 Delete キー

東京都|港↵

4 削除したい文字の左側にカーソルを移動します。

ここでは←キーで港の左側にカーソルを移動します。

⬇

東京都|↵

5 Deleteキーを押すと、カーソルの右側の文字が削除されました。

ここでは「港」が削除されました。

◆ 選択して Delete キーで削除

東京都⏎

|⏎

6 削除したい文字をドラッグして選択します。Shift + ← キーでも選択できます。

ここでは「東京都」を選択します。

7 Delete キーを押すと「東京都」が削除されました。Back space キーでも削除できます。

文字の挿入

東京港区|⏎

東京|港区

東京と港区⏎

東京都|港区⏎

1 「東京港区」と入力します。

T O U K Y O U M I N A T O K U とキーを押します。

2 文字を挿入したい場所にカーソルを移動します。

ここでは「港」の左に移動します。

3 文字を入力します。

ここでは「と」(T O) と入力してスペースキーを押します。

4 「都」を選んだら Enter キーを押して、確定します。

Point　文字間での改行

文字と文字の間にカーソルを移動して、Enter キーを押すと、カーソルの位置で改行されます。

東京都|港区⏎　→　東京都⏎
　　　　　　　　　港区|⏎

73

3-2-5 文字の検索と置換

文章のなかから文字を探すことを「検索する」といいます。また、検索した文字を他の文字に置き換えることを置換といいます。

文字の検索

サンプル 3-2_文字基本.docx

「イベント」という文字を検索しましょう。

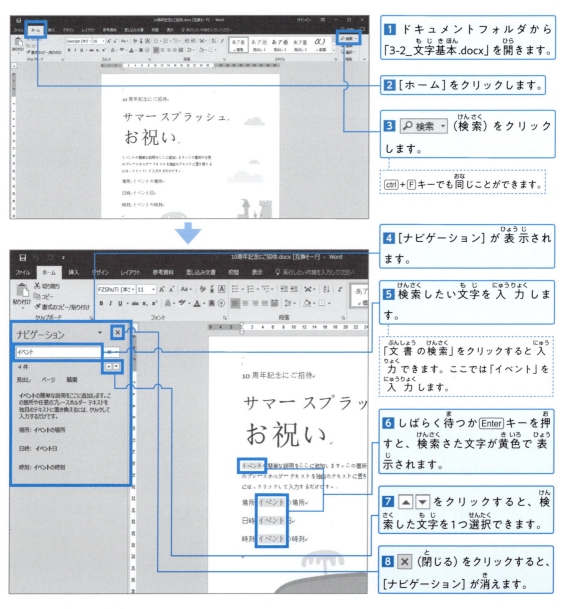

1 ドキュメントフォルダから「3-2_文字基本.docx」を開きます。

2 [ホーム]をクリックします。

3 検索（検索）をクリックします。

Ctrl + F キーでも同じことができます。

4 [ナビゲーション]が表示されます。

5 検索したい文字を入力します。

「文書の検索」をクリックすると入力できます。ここでは「イベント」を入力します。

6 しばらく待つかEnterキーを押すと、検索さた文字が黄色で表示されます。

7 ▲ ▼ をクリックすると、検索した文字を1つ選択できます。

8 × （閉じる）をクリックすると、[ナビゲーション]が消えます。

文字の置換

「イベント」という文字を「行事」に置換しましょう。

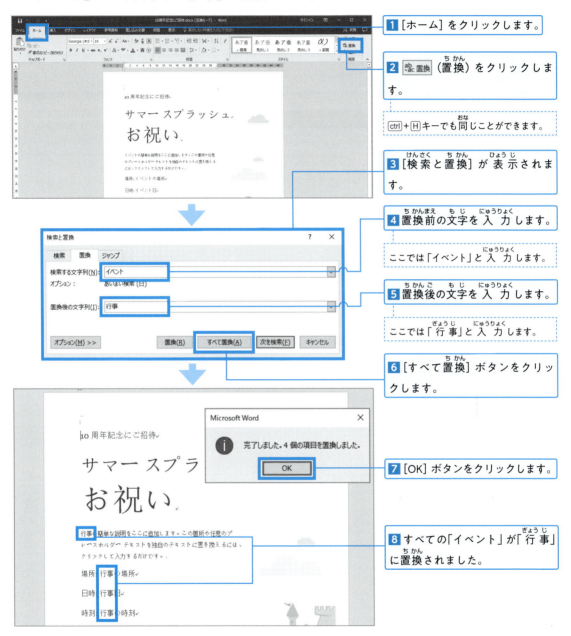

1. [ホーム] をクリックします。
2. （置換）をクリックします。

   Ctrl + H キーでも同じことができます。

3. [検索と置換] が表示されます。
4. 置換前の文字を入力します。

   ここでは「イベント」と入力します。

5. 置換後の文字を入力します。

   ここでは「行事」と入力します。

6. [すべて置換] ボタンをクリックします。
7. [OK] ボタンをクリックします。
8. すべての「イベント」が「行事」に置換されました。

> **Point** 文字を選んで置換したいとき
>
> 手順 6 で [すべて置換] をクリックすると、「イベント」がすべて「行事」に置換されます。
> 文字を選んで置換したいときは、[次を検索] ボタンと [置換] ボタンを使います。

3-2-6 文字のコピーと貼り付け

文字をコピーして、目的の場所に貼り付けることができます。

文字のコピーと貼り付け

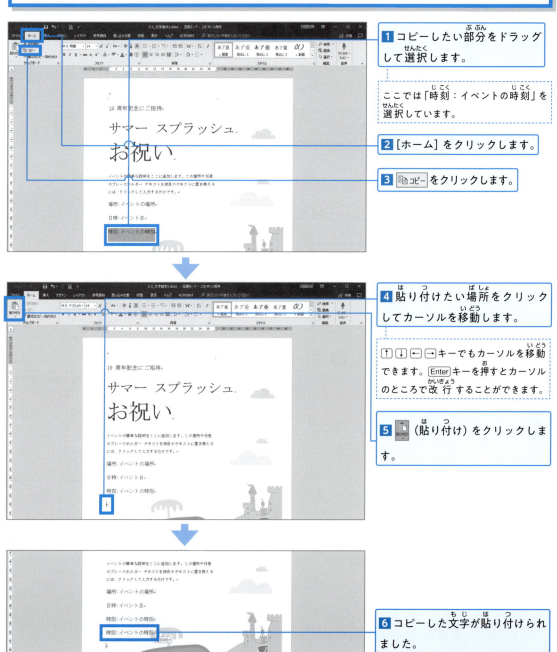

Point 右クリックでコピーや貼り付け

コピーや貼り付けは、リボンのボタン以外に、右クリックして実行する方法があります。

手順 1 や手順 4 のところで右クリックすると、メニューが表示されます。

ここで [コピー] や [貼り付け] を選びます。

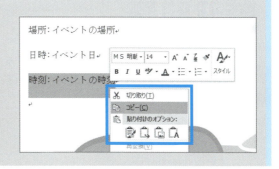

Point ショートカットキーでコピーや貼り付け

ショートカットキーでもコピーや貼り付けをすばやく実行できます。とても便利なので、ぜひ覚えましょう。

コピー	Ctrl + C (Ctrlキーを押しながらCキーを押す)
切り取り	Ctrl + X (Ctrlキーを押しながらXキーを押す)
貼り付け	Ctrl + V (Ctrlキーを押しながらVキーを押す)

Point [貼り付け] の形式

[貼り付け] ボタンを押したあと、📋(Ctrl)▼ が表示されています。ここをクリックすると [貼り付けのオプション] が表示され、「貼り付けの形式」を選ぶことができます

手順 5 のときに、[貼り付け] ボタンの下側をクリックしても [貼り付けのオプション] が表示されます。

また、「コピー」したあとに右クリックしても、[貼り付けのオプション] が表示されます。

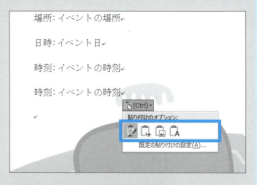

それぞれの意味は次のようになります。書式とは文字の色や大きさのことで、詳細は3-3で学びます。

1 元の書式を保持
2 書式を結合
3 図
4 テキストのみ保持

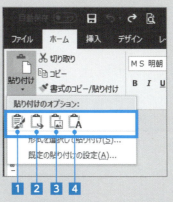

77

練習問題

課題1 文字を入力してみましょう。文字は、「ひらがな」「漢字」「カタカナ」で、日本の地名を入力してみましょう。

```
きょうと
京都
キョウト

しんじゅく
新宿
シンジュク

おおさか
大阪
オオサカ
```

課題2 サンプルファイルを読み込んで、文字を修正してみましょう。修正する文字は削除してから入力しましょう。

⬇ サンプル　3-2_課題2.docx

10 周年記念にご招待

サマー・スプラッシュ
お祝い

イベントの簡単な説明をここに追加します。この箇所や任意のプレースホルダー・テキストを独自のテキストに置き換えるには、クリックして入力するだけです。

場所：イベントの場所

日時：イベント日

時刻：イベントの時刻

▶ 修正後の文字
新しい公園のオープンを記念して、海辺でのイベントを開催します。たくさんの方のご参加をお待ちしております。
場所：お台場公園
日時：8月10日
時刻：14時00分

 完成例　3-2_課題2_完成例.docx

3-3 文字と段落の書式

文字の大きさや色、行の位置や間隔など、見た目に関する設定を書式といいます。ここでは、文字の書式と段落の書式について学びます。

学ぶこと
- 3-3-1 フォントの設定
- 3-3-2 段落の設定
- 3-3-3 行間の設定
- 3-3-4 インデント
- 3-3-5 書式のコピーとクリア

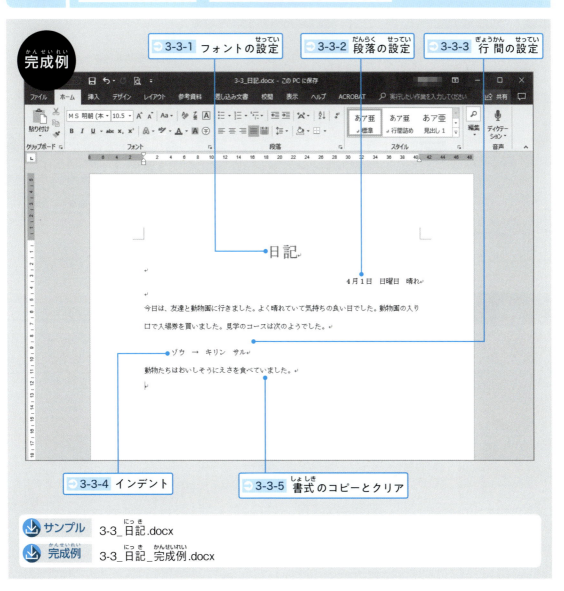

完成例

- サンプル 3-3_日記.docx
- 完成例 3-3_日記_完成例.docx

3-3-1 フォントの設定

文字の種類や大きさ、太さ、色などを変えるときは、[ホーム] タブの [フォント] グループで行います。

フォントの大きさを変える

 サンプル 3-3_日記.docx

フォントの設定で文字を大きくしてみましょう。

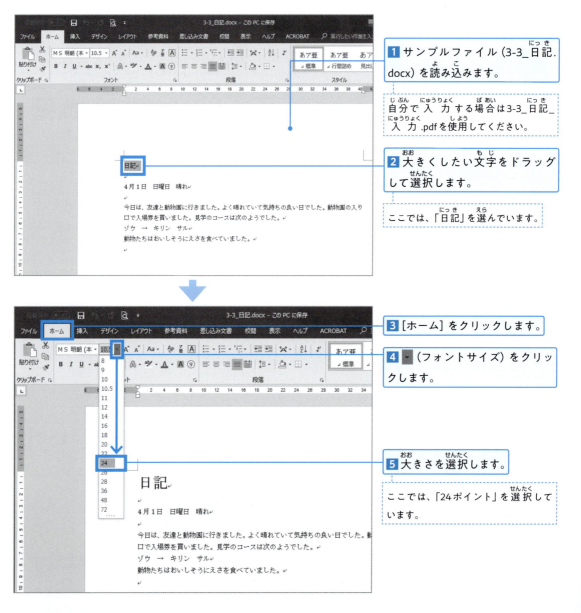

1 サンプルファイル (3-3_日記.docx) を読み込みます。

自分で入力する場合は3-3_日記_入力.pdfを使用してください。

2 大きくしたい文字をドラッグして選択します。

ここでは、「日記」を選んでいます。

3 [ホーム] をクリックします。

4 ▼ (フォントサイズ) をクリックします。

5 大きさを選択します。

ここでは、「24ポイント」を選択しています。

80

フォントの設定でできること

［ホーム］タブの［フォント］グループでは文字を大きくする以外にも、さまざまなことができます。何ができるのかをみてみましょう。

1. 種類（フォント／書体）
2. 大きさ
3. 変換（大文字、半角など）
4. 書式をクリア
5. ルビ
6. 四角で囲む
7. 太字
8. 斜体
9. 下線
10. 取り消し線
11. 下付き・上付き
12. 効果（輪郭／影）
13. 蛍光ペン
14. 色
15. 網かけ
16. 丸で囲む

◆ 文字の色を変える例

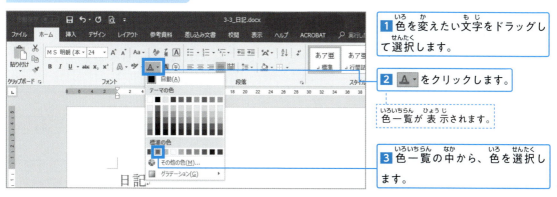

1 色を変えたい文字をドラッグして選択します。

2 [A▼] をクリックします。

色一覧が表示されます。

3 色一覧の中から、色を選択します。

> **Point　文字（フォント）の書式とは**
>
> 　文字（フォント）の大きさや太さ、色などのスタイルのことを、日本語では「文字の書式」、「フォントの書式」といいます。
> 　「フォントの設定」にあるボタン項目は、「文字の書式設定」ともいいます。

3-3-2 段落の設定

日本語では「。」(句点)までの文字のまとまりを文といいます。そして改行から改行までの文字や文のまとまりを段落と呼びます。段落は[ホーム]タブの[段落]グループで設定できます。

段落の位置を変える

段落の設定で、中央や右に配置してみましょう。

◆ 中央揃えの例

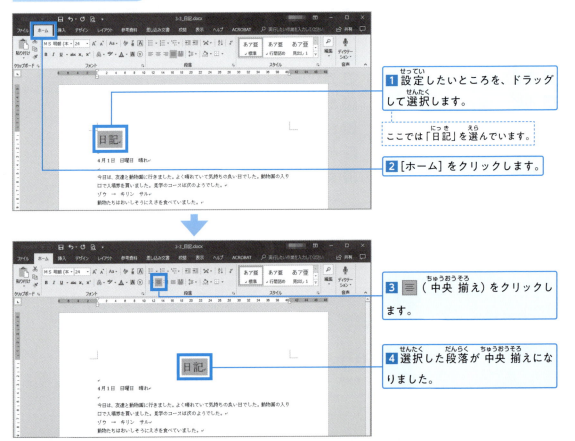

1. 設定したいところを、ドラッグして選択します。
   ここでは「日記」を選んでいます。
2. [ホーム]をクリックします。
3. ≡(中央揃え)をクリックします。
4. 選択した段落が中央揃えになりました。

Point 段落の書式とは

文書中の段落の位置(右揃え、中央揃え)や行間などの見た目のことを「段落の書式」といいます。「段落の設定」にあるボタン項目は「段落の書式設定」ともいいます。

◆ 右揃えの例

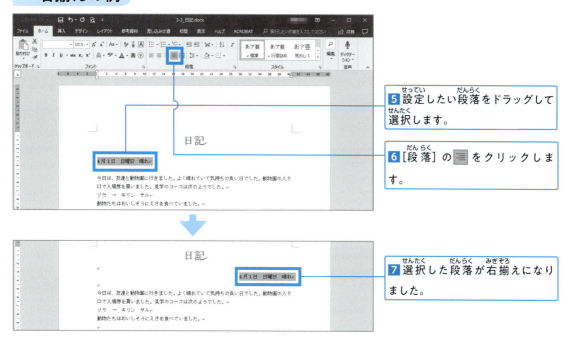

段落の設定でできること

［ホーム］タブの［段落］グループにはいろいろな設定が用意されています。

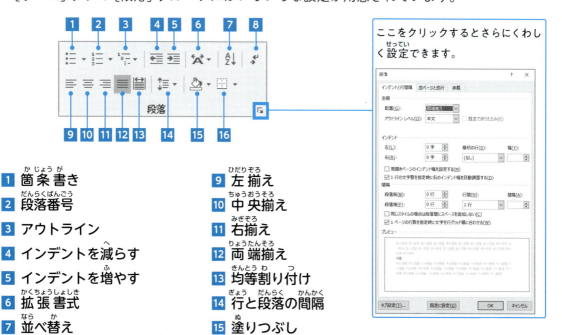

1 箇条書き
2 段落番号
3 アウトライン
4 インデントを減らす
5 インデントを増やす
6 拡張書式
7 並べ替え
8 編集記号の表示/非表示
9 左揃え
10 中央揃え
11 右揃え
12 両端揃え
13 均等割り付け
14 行と段落の間隔
15 塗りつぶし
16 罫線

3-3-3 行間の設定

文章の行と行の間隔を広げてみましょう。行間隔の設定は[段落]のなかにあります。

行間を変える

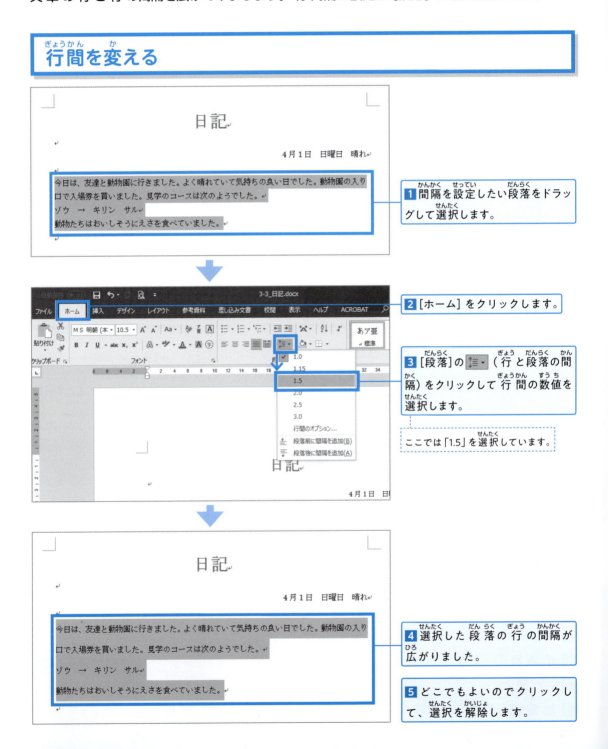

1 間隔を設定したい段落をドラッグして選択します。

2 [ホーム]をクリックします。

3 [段落]の (行と段落の間隔)をクリックして行間の数値を選択します。
ここでは「1.5」を選択しています。

4 選択した段落の行の間隔が広がりました。

5 どこでもよいのでクリックして、選択を解除します。

◆ 段落の前に間隔を追加

1 間隔を設定したい行をドラッグして選択します。

2 [段落]の ≡▼（行と段落の間隔）をクリックし、「段落前に間隔を追加」を選択します。

[行間のオプション]を選ぶともっとくわしく設定ができます（下のPointを参照）。

3 選択した行の前の間隔が広がります。

Point　行間のオプション

上の手順 **2** で[行間のオプション]をクリックすると右のようなダイアログが表示されます。[行間]で[固定値]や[倍数]を選んで、[間隔]に数値を入力すれば、細かく間隔を指定できます。

Point　設定を「元に戻したい」とき

いろいろ試しながら間隔を設定したいときは、[元に戻す]ボタンを活用すると便利です。[元に戻す]ボタンをクリックすると1つ作業が戻ります。ショートカットキー [Ctrl]＋[Z]キーを押しても、同様に戻ります。

[元に戻す]ボタンをクリックすると、1つ前の状態に戻りますが、もっと前の状態に戻りたいときは[▼]をクリックすると以前の作業がリスト表示されますので、戻りたい項目を選びます。

[元に戻す]ボタン

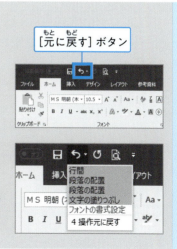

3-3-4 インデント

文章の開始位置を右へずらすことをインデントといいます。インデントの設定は[段落]グループのなかにあります。

 インデントを増やす

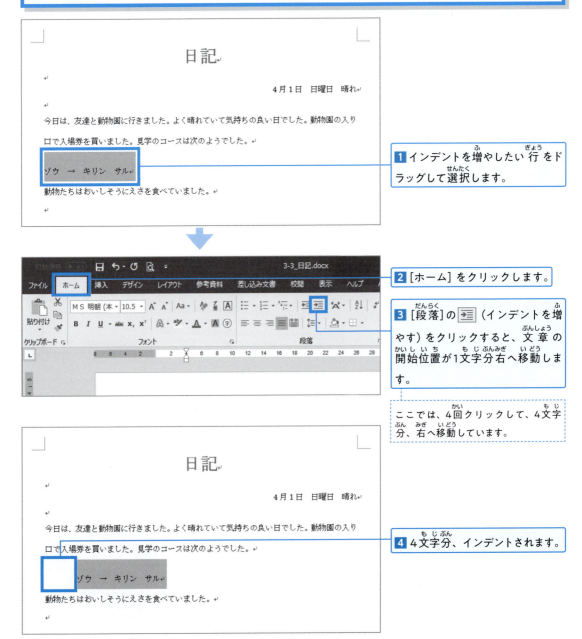

◆ その他のインデントの設定方法

 (インデントを減らす)や (インデントを増やす)をクリックすると右や左へずらすことができます。その他、インデントを設定する方法を知りましょう。

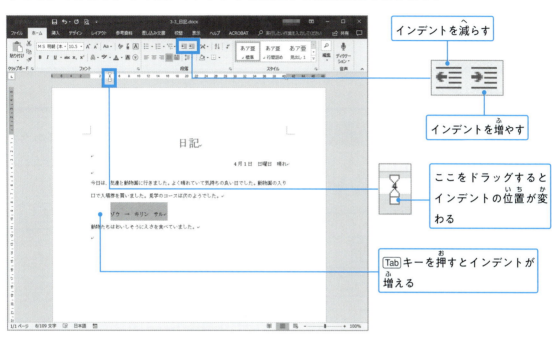

Point　ルーラーを知ろう

Wordの文章のまわりにあるのがルーラーです。横のルーラーは文字数、縦のルーラーは行数を表しています。横のルーラーにある の下の がインデントの位置になります。

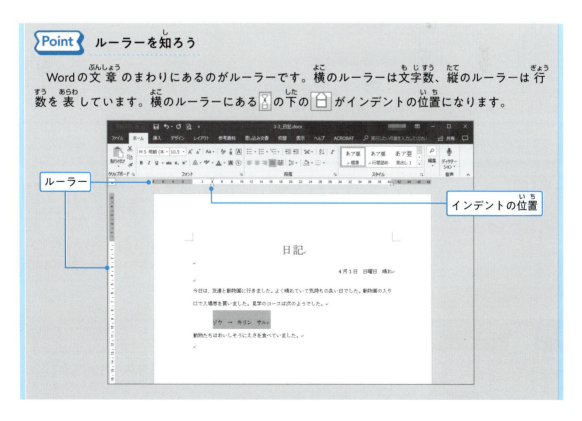

3-3-5 書式のコピーとクリア

これまで学習したフォントや段落の設定をコピーして別の文字に適用したり、クリアする方法を学びます。

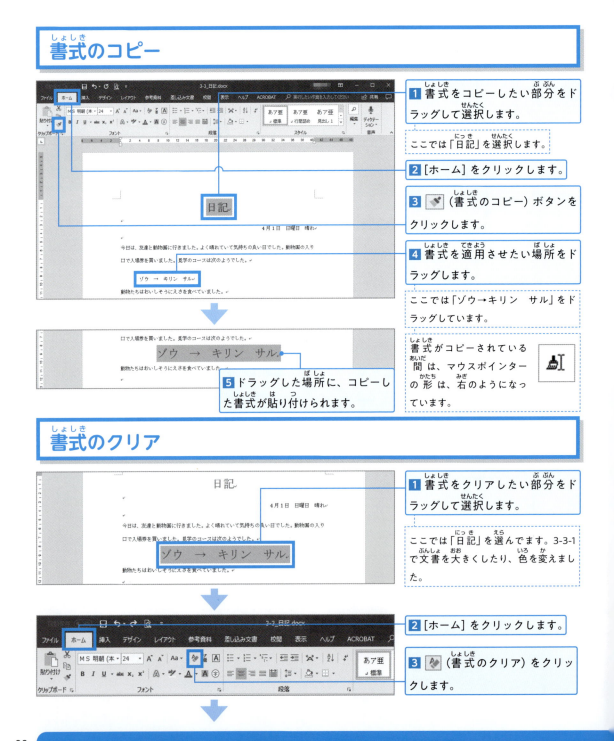

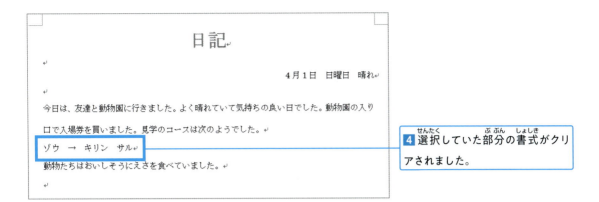

4 選択していた部分の書式がクリアされました。

> **Point** 編集記号の表示／非表示
>
> Wordで文書を編集しているとき、空白は標準では表示されません。空白を表示させるには、 (編集記号の表示／非表示) をクリックします。

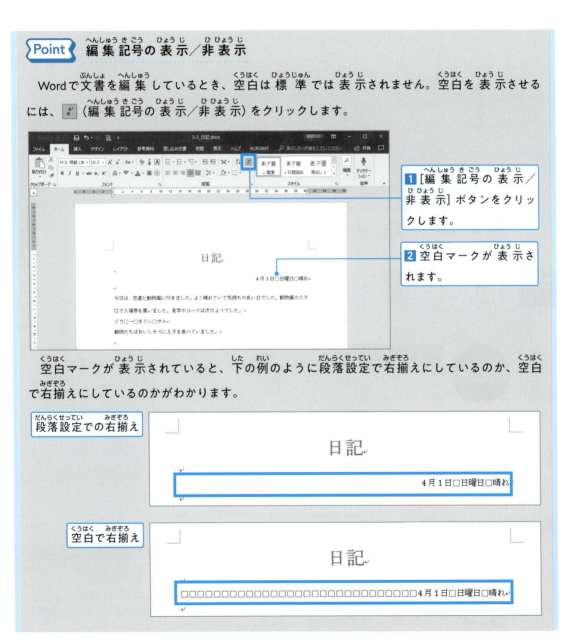

1 [編集記号の表示／非表示] ボタンをクリックします。

2 空白マークが表示されます。

空白マークが表示されていると、下の例のように段落設定で右揃えにしているのか、空白で右揃えにしているのかがわかります。

練習問題

 サンプルファイルを開き、[フォント] グループの [ルビ] ボタンを使って文章にルビを入れてみましょう。

サンプル 3-3_課題1.docx

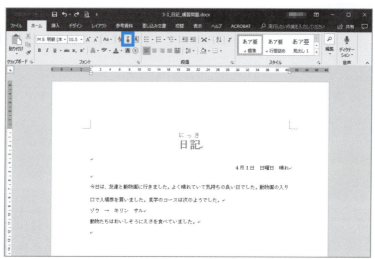

完成例 3-3_課題1_完成例.docx

 サンプルファイルを開き、[段落] グループの [均等割り付け] ボタンを使って「ゾウ→キリン　サル」に適用してみましょう。

サンプル 3-3_課題2.docx

完成例 3-3_課題2_完成例.docx

3-4 箇条書き

段落の行頭（最初の文字）に記号を入れて文書を読みやすくすることを箇条書きといいます。ここでは箇条書きの設定について学びます。

学ぶこと
- 3-4-1 箇条書きの設定
- 3-4-2 段落番号の設定と解除
- 3-4-3 箇条書きの設定テクニック

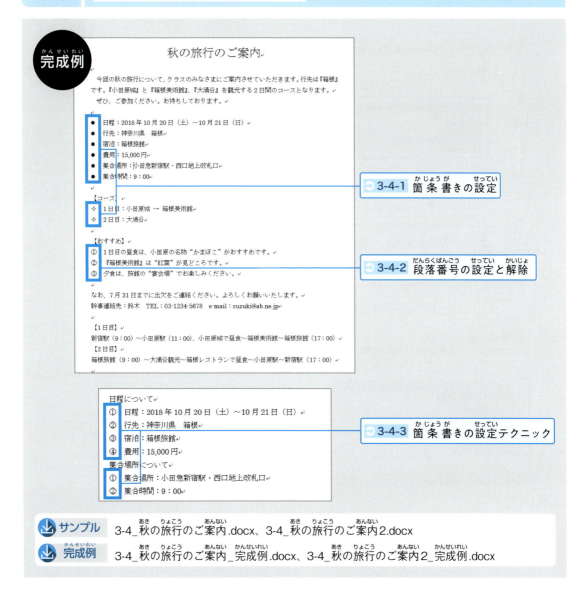

サンプル 3-4_秋の旅行のご案内.docx、3-4_秋の旅行のご案内2.docx

完成例 3-4_秋の旅行のご案内_完成例.docx、3-4_秋の旅行のご案内2_完成例.docx

3-4-1 箇条書きの設定

箇条書きでは記号や番号を設定できます。まず記号の設定から学びます。

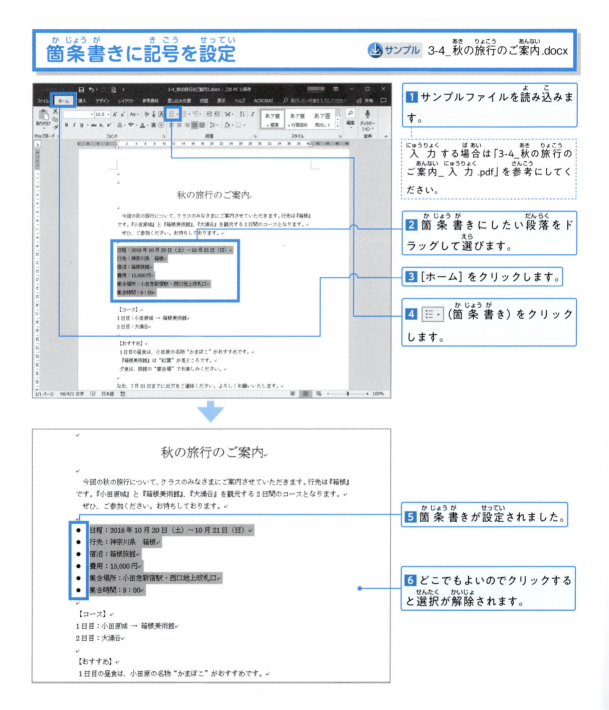

記号を選んで箇条書きを設定

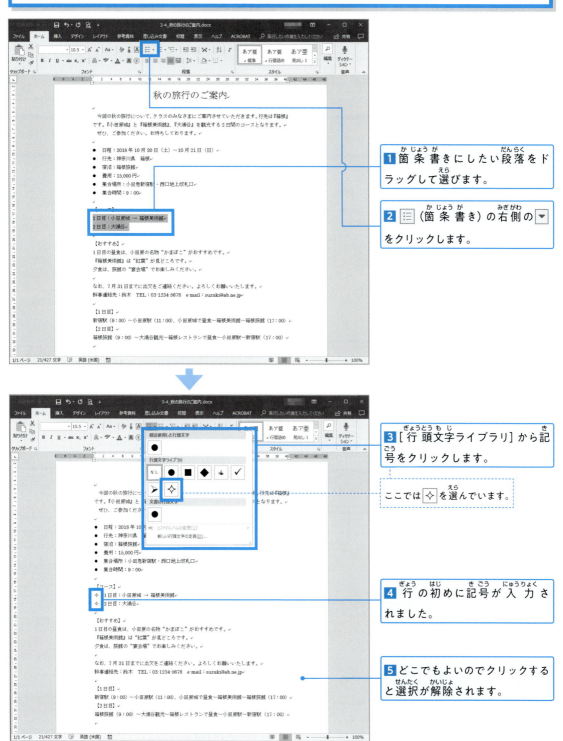

3-4-2 段落番号の設定と解除

段落番号とは箇条書きの記号のところを番号にしたものです。入力済みの段落に、あとから連番（連続した番号）の箇条書きを設定します。

段落番号の設定

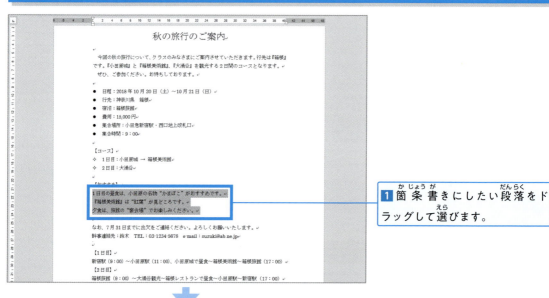

1 箇条書きにしたい段落をドラッグして選びます。

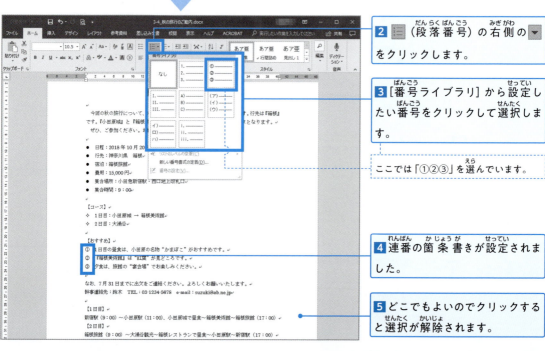

2 ≡（段落番号）の右側の▼をクリックします。

3 [番号ライブラリ]から設定したい番号をクリックして選択します。

ここでは「①②③」を選んでいます。

4 連番の箇条書きが設定されました。

5 どこでもよいのでクリックすると選択が解除されます。

箇条書きや段落番号の解除

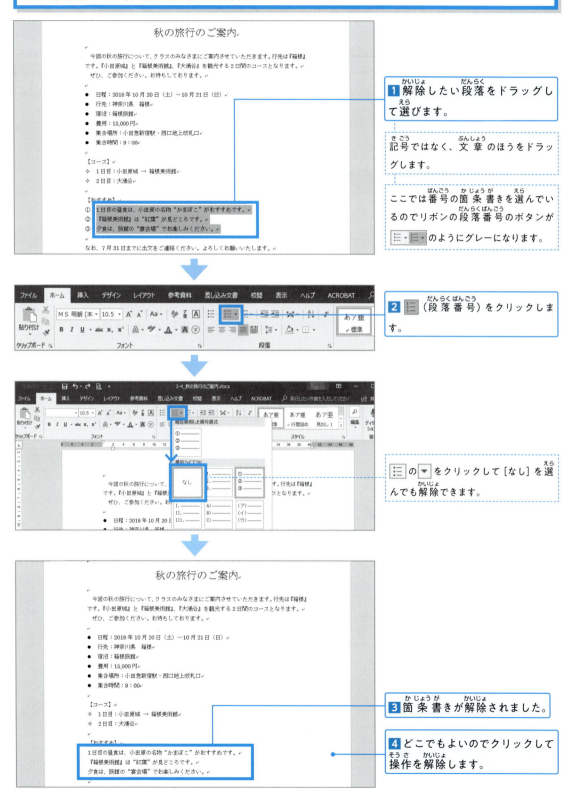

3-4-3 箇条書きの設定テクニック

自動的に箇条書きを入力

入力しながら自動的に箇条書きを入力するテクニックです。「白紙の文書」でやってみましょう。

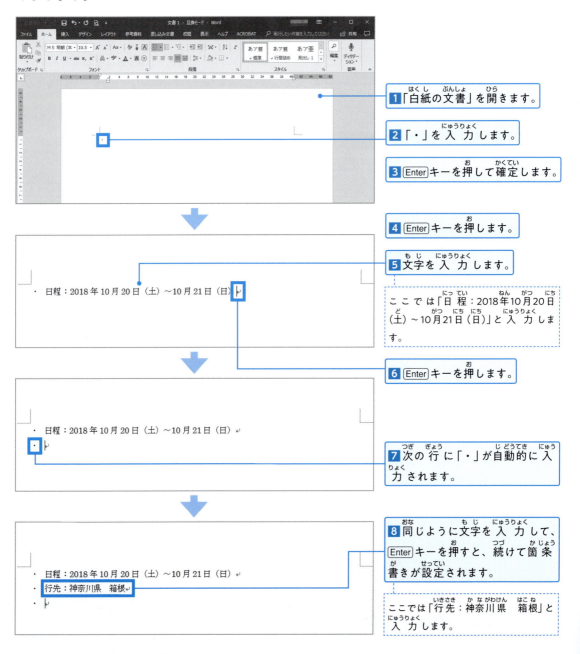

段落番号を途中から振り直す方法

📥 サンプル 3-4_秋の旅行のご案内2.docx

段落番号を途中から振り直すテクニックです。

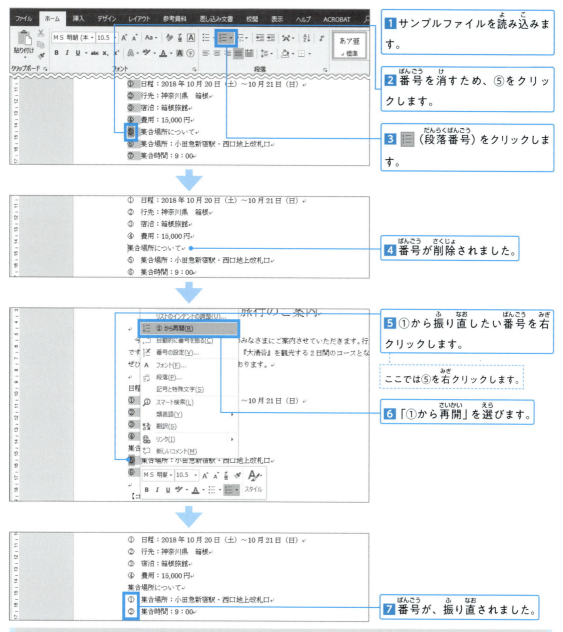

1 サンプルファイルを読み込みます。

2 番号を消すため、⑤をクリックします。

3 ≡ （段落番号）をクリックします。

4 番号が削除されました。

5 ①から振り直したい番号を右クリックします。

ここでは⑤を右クリックします。

6 「①から再開」を選びます。

7 番号が、振り直されました。

> **Point** 段落番号の書式を変更するには
>
> 段落番号の上でマウスをクリックすると、段落番号だけが選ばれます。この状態でフォントを変えたり、色の設定を行うと、段落の番号の文字だけを変えることができます。

練習問題

課題1 サンプルファイルを開いて「会社説明会のご案内」を作成しましょう。入力も行う場合は3-4_課題1_入力.pdfを参考に入力してください。

サンプル 3-4_課題1.docx

完成例

会社説明会のご案内

2020年度新卒者対象の説明会を下記の要領で実施いたします。

■ 開催日時
A) 2019年4月20日　13時～14時
B) 2019年5月10日　13時～14時

■ 会場
グローバルビジネス株式会社　本社セミナールーム
東京都千代田区丸の内8-90　（最寄駅　JR線・地下鉄丸ノ内線　東京駅）

■ 選考日程
【説明会Aの日程】
➢ 1次試験：教養試験　2019年5月20日
➢ 2次試験：面接試験　2019年6月22日

【説明会Bの日程】
➢ 1次試験：教養試験　2019年6月10日
➢ 2次試験：面接試験　2019年7月12日

■ 合格基準
【総合職A】
① 1次試験　教養試験　600点満点とする。
② 2次試験　面接試験　200点満点とする。
【総合職B】
① 1次試験　教養試験　450点満点とする。
② 2次試験　面接試験　250点満点とする。

■ 応募方法
当社ホームページ採用情報より会社説明会に予約をしてください。
※随時、会社見学受付中！

【連絡先】グローバルビジネス株式会社　人事部　鈴木
電話：03-1234-5678　／　E-mail: global@abc.com

完成例 3-4_課題1_完成例.docx

3-5 表の作成

カレンダーを作りながら文書に表を作成する方法を学びます。

学ぶこと
- 3-5-1 表の作成
- 3-5-2 表のサイズ変更と移動
- 3-5-3 行や列の追加や削除
- 3-5-4 セルの結合と文字の配置
- 3-5-5 表のデザイン
- 3-5-6 罫線の変更

完成例

3-5-1 表の作成
3-5-4 セルの結合と文字の配置
3-5-5 表のデザイン
3-5-6 罫線の変更
3-5-2 表のサイズ変更と移動
3-5-3 行や列の追加や削除

2020年1月

日曜日	月曜日	火曜日	水曜日	木曜日	金曜日	土曜日
			1	2	3	4
5	6	7	8	9	10	11
12	13	14	15	16	17	18
19	20	21	22	23	24	25
26	27	28	29	30	31	

サンプル 3-5_カレンダー.docx
完成例 3-5_カレンダー_完成例.docx

3-5-1 表の作成

カレンダーを作成しながら表の作成を学びます。曜日が7つあるので縦は7列で、横は曜日と5週分の6行の表を作ります。

表の挿入

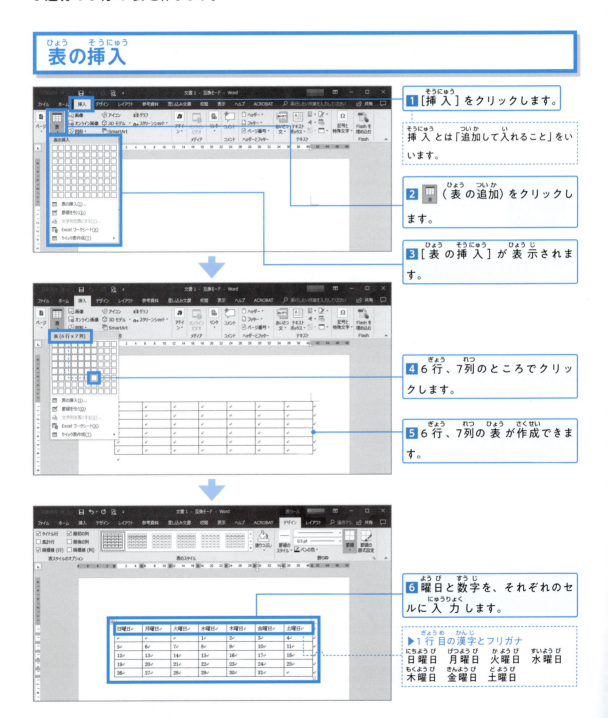

1 [挿入]をクリックします。

挿入とは「追加して入れること」をいいます。

2 ▦(表の追加)をクリックします。

3 [表の挿入]が表示されます。

4 6行、7列のところでクリックします。

5 6行、7列の表が作成できます。

6 曜日と数字を、それぞれのセルに入力します。

▶1行目の漢字とフリガナ
にちようび　げつようび　かようび　すいようび
日曜日　月曜日　火曜日　水曜日
もくようび　きんようび　どようび
木曜日　金曜日　土曜日

文字列から表を作成する手順

📥 サンプル 3-5_カレンダー.docx

あらかじめ入力してある文字を表にすることもできます。

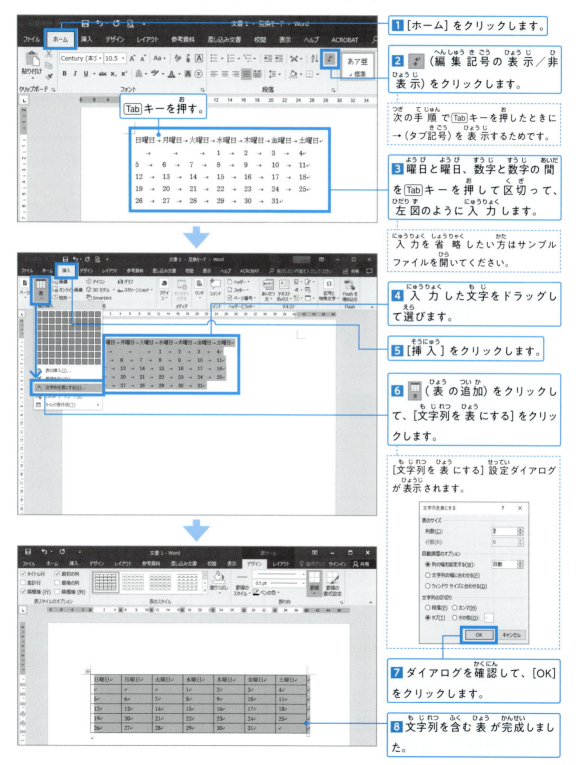

1 [ホーム]をクリックします。

2 ⏎ (編集記号の表示／非表示)をクリックします。

次の手順で Tab キーを押したときに→（タブ記号）を表示するためです。

3 曜日と曜日、数字と数字の間を Tab キーを押して区切って、左図のように入力します。

入力を省略したい方はサンプルファイルを開いてください。

4 入力した文字をドラッグして選びます。

5 [挿入]をクリックします。

6 ▦ (表の追加)をクリックして、[文字列を表にする]をクリックします。

[文字列を表にする]設定ダイアログが表示されます。

7 ダイアログを確認して、[OK]をクリックします。

8 文字列を含む表が完成しました。

101

3-5-2 表のサイズ変更と移動

表を選択すると、タイトルバーに[表ツール]、その下に[デザイン]タブ、[レイアウト]タブが表示されます。これらでは表に関するさまざまな設定を行うことができます。ここでは、表のサイズの変更と移動の設定を学びます。

表のサイズの変更

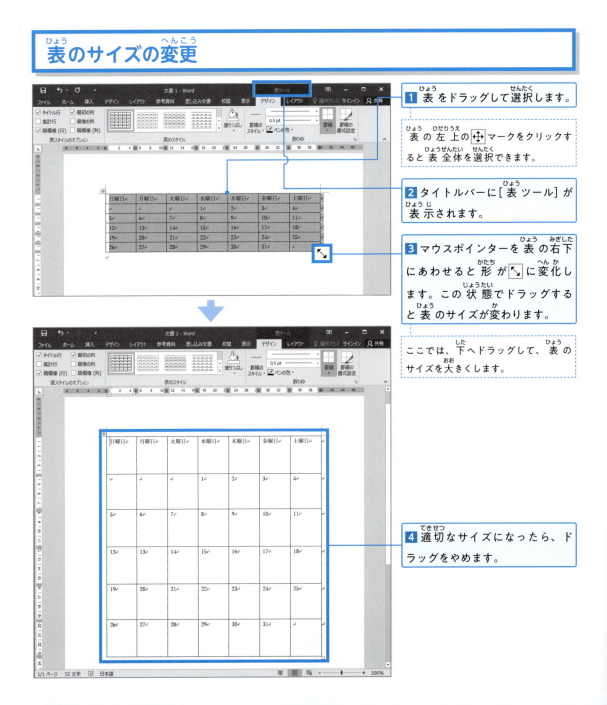

表の移動

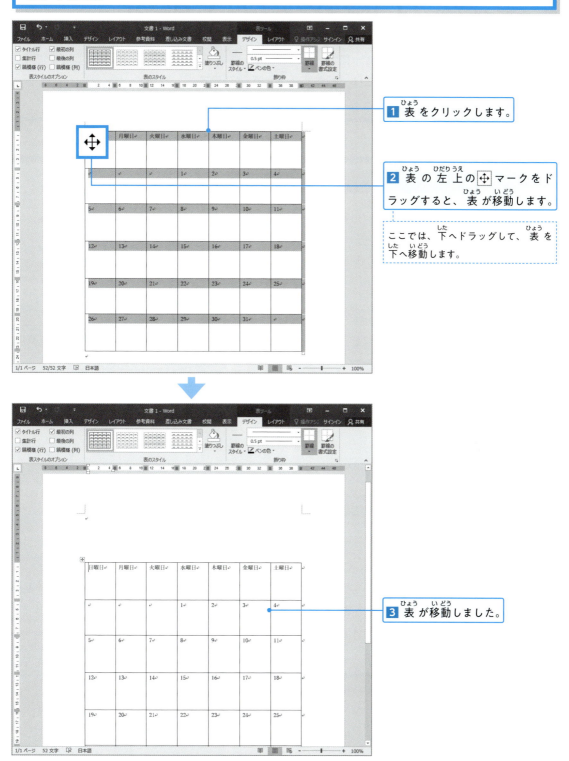

1 表をクリックします。

2 表の左上の ⊕ マークをドラッグすると、表が移動します。

ここでは、下へドラッグして、表を下へ移動します。

3 表が移動しました。

3-5-3 行や列の追加や削除

表をクリックするとタイトルバーに [表ツール] が表示されます。その下の [レイアウト] タブで、表に行や列を追加したり、削除する方法を学びます。

行や列の追加

1. 表をクリックします。
2. タイトルバーに [表ツール] が表示されます。
3. [レイアウト] タブをクリックします。
4. 行や列を追加したいところにカーソルを移動します。

ここでは表の1行目の左端をクリックしています。

5. 追加したい行または列のボタンをクリックします。

ここでは (上に行を挿入) をクリックしています。

6. 表の1行目が追加されました。

行や列の削除

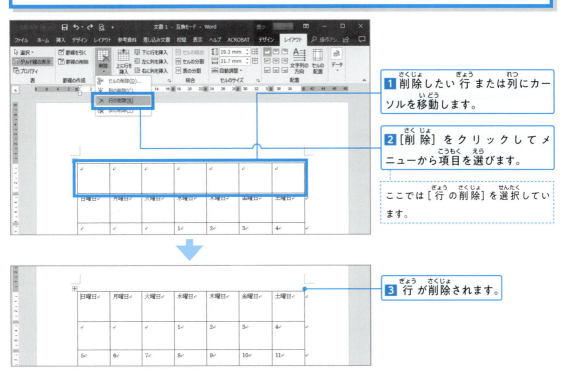

1 削除したい行または列にカーソルを移動します。

2 [削除]をクリックしてメニューから項目を選びます。

ここでは[行の削除]を選択しています。

3 行が削除されます。

行や列の追加の別手順

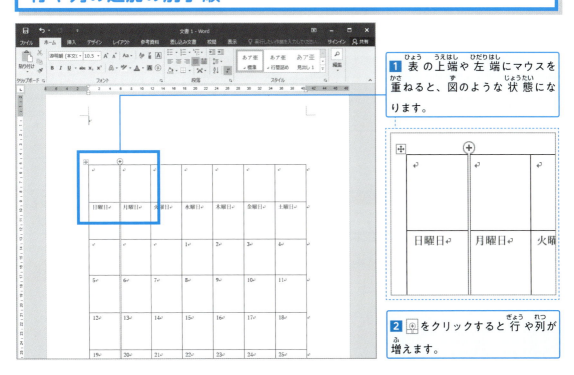

1 表の上端や左端にマウスを重ねると、図のような状態になります。

2 ⊕ をクリックすると行や列が増えます。

105

3-5-4 セルの結合と文字の配置

表の線で囲まれた四角のことをセルといいます。セルは結合したり削除できます。

セルの結合

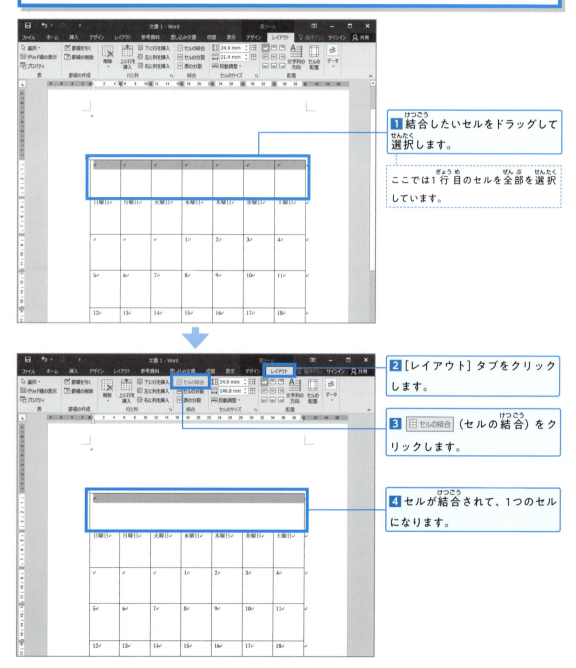

1 結合したいセルをドラッグして選択します。

ここでは1行目のセルを全部を選択しています。

2 ［レイアウト］タブをクリックします。

3 ［セルの結合］（セルの結合）をクリックします。

4 セルが結合されて、1つのセルになります。

セルの文字の位置を変える

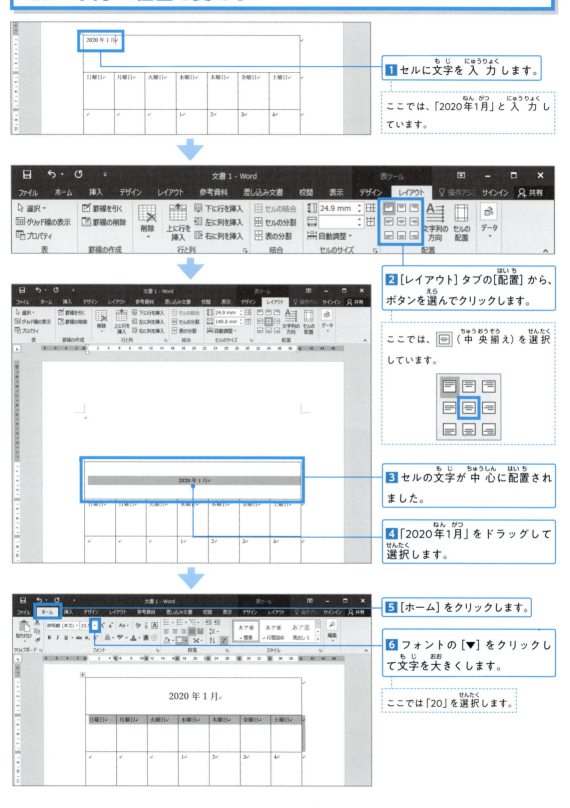

1 セルに文字を入力します。

ここでは、「2020年1月」と入力しています。

2 [レイアウト] タブの [配置] から、ボタンを選んでクリックします。

ここでは、■（中央揃え）を選択しています。

3 セルの文字が中心に配置されました。

4 「2020年1月」をドラッグして選択します。

5 [ホーム] をクリックします。

6 フォントの [▼] をクリックして文字を大きくします。

ここでは「20」を選択します。

3-5-5 表のデザイン

[表ツール] の [デザイン] タブでは、セルの塗りつぶしやスタイルの変更などのデザインができます。

セルの塗りつぶし

セルの塗りつぶしとは、特定のセルに色を付けることです。次の手順で行います。

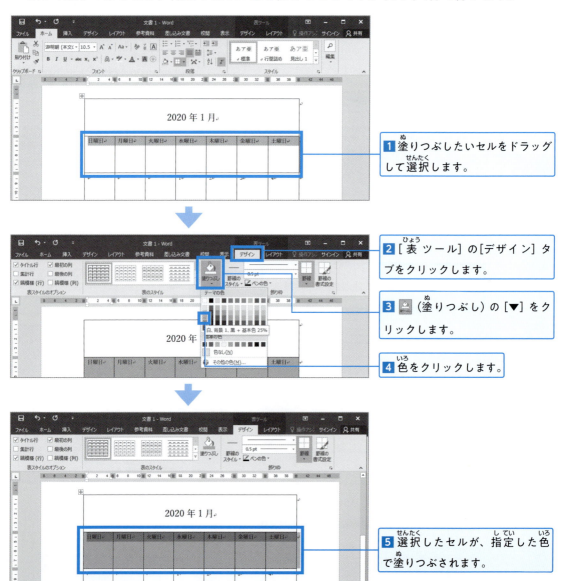

表のスタイルを変える

［表ツール］の［デザイン］タブの［表のスタイル］には見た目を変えるいろいろなデザインが用意されています。

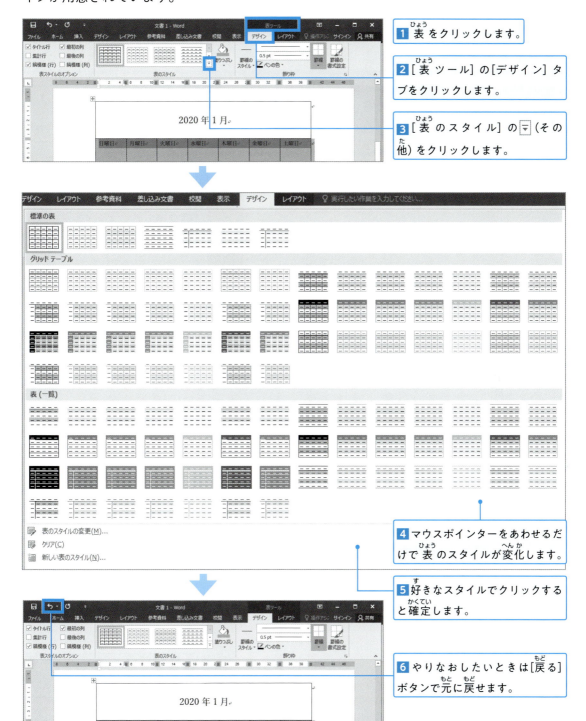

1 表 をクリックします。

2 ［表ツール］の［デザイン］タブをクリックします。

3 ［表のスタイル］の▽（その他）をクリックします。

4 マウスポインターをあわせるだけで表のスタイルが変化します。

5 好きなスタイルでクリックすると確定します。

6 やりなおしたいときは［戻る］ボタンで元に戻せます。

3-5-6 罫線の変更

表のタテやヨコの線のことを罫線といいます。この罫線のスタイルの設定方法を学びます。

罫線スタイルの設定①

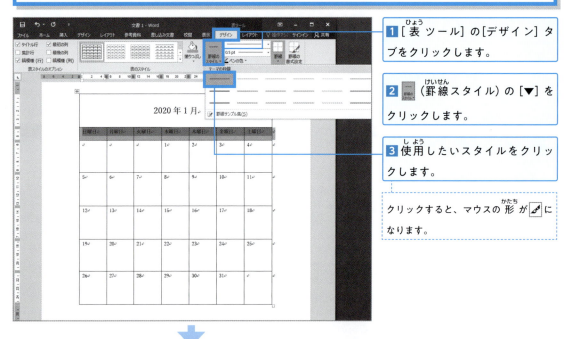

1. [表ツール]の[デザイン]タブをクリックします。
2. （罫線スタイル）の[▼]をクリックします。
3. 使用したいスタイルをクリックします。

クリックすると、マウスの形が✏に なります。

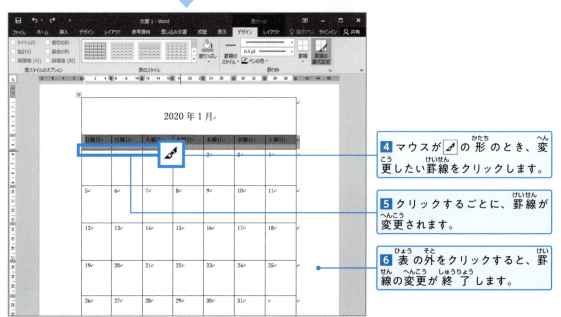

4. マウスが✏の形のとき、変更したい罫線をクリックします。
5. クリックするごとに、罫線が変更されます。
6. 表の外をクリックすると、罫線の変更が終了します。

罫線スタイルの設定②

［表ツール］の［デザイン］タブにある 🖊️（罫線を引く）でも、罫線のスタイルを設定できます。この方法はExcelと同じ罫線のスタイル変更です。

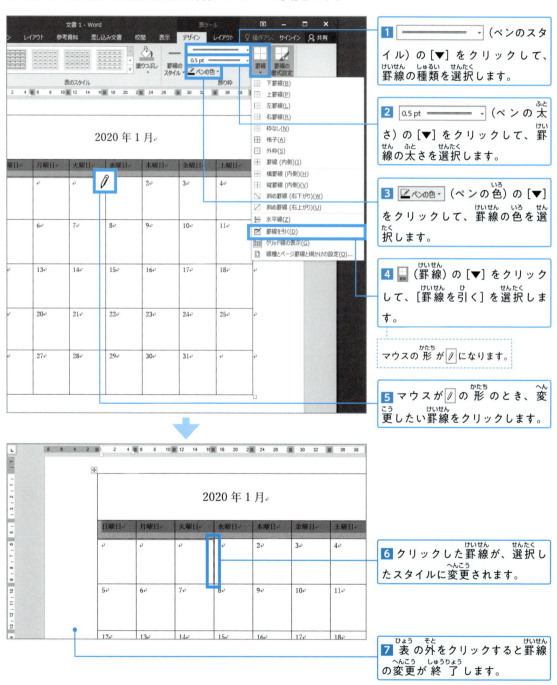

練習問題

 課題1 次の文字を入力して、表を作成してください。入力済みのサンプルファイル「3-5_課題1.docx」もあります。　　サンプル　3-5_課題1.docx

▶入力する文字

	月曜日	火曜日	水曜日	木曜日	金曜日
1時間目	国語	理科	特別活動	国語	算数
2時間目	算数	社会		社会	理科
お昼					
3時間目	体育	算数	体育	理科	図工
4時間目		国語	家庭科	算数	

時間割表

フォント：UDデジタル 教科書体NP-B
フォントサイズ：14

表のスタイル：グリッド（表）5濃度-アクセント2

完成例

 完成例　3-5_課題1_完成例.docx 、 3-5_課題2_完成例.docx

3-6 グラフィック要素1

要素とは、あるものを形作る部分のことです。文書に含まれる文字のことを「文字要素」グラフィックのことを「グラフィック要素」といいます。また、文書のなかに、文字や図を追加して入れることを挿入といいます。ここでは、文書に、画像や図、ワードアートなどのグラフィック要素を挿入する方法を学びます。

学ぶこと
- 3-6-1 ワードアートの挿入
- 3-6-2 画像の挿入
- 3-6-3 画像の調整
- 3-6-4 画像の配置
- 3-6-5 画像のトリミング
- 3-6-6 オンライン画像の挿入

サンプル　3-6_neko.jpg、3-6_neko2.jpg、3-6_ねこを探しています.docx
完成例　3-6_ねこを探しています_完成例.docx

3-6-1 ワードアートの挿入

ワードアートを利用して、デザイン文字を作成します。

ワードアートの挿入手順

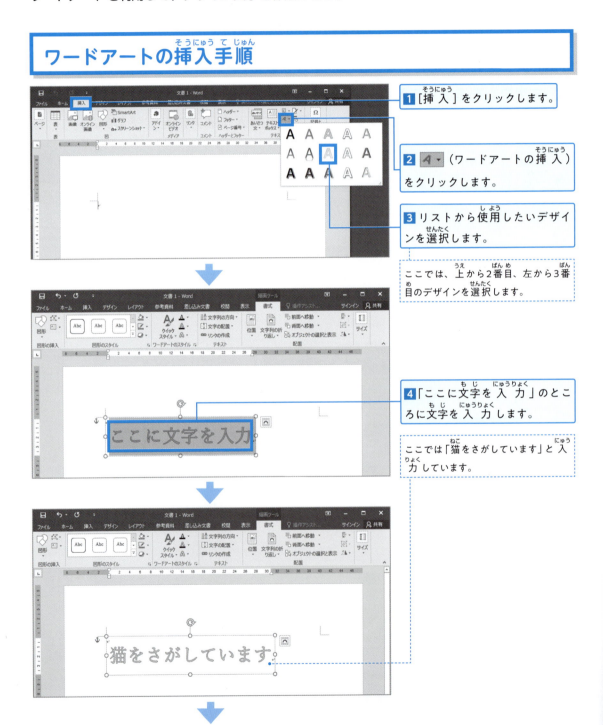

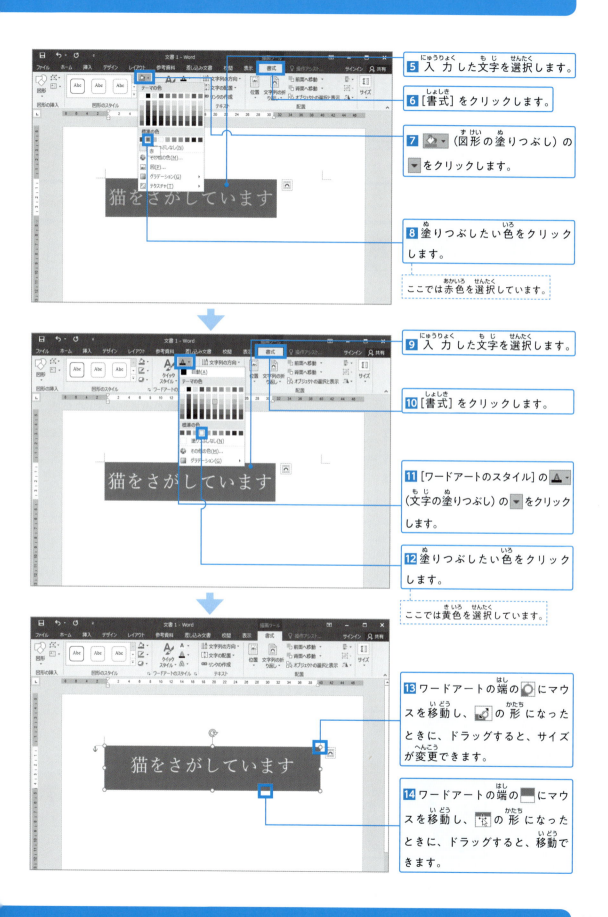

3-6-2 画像の挿入

デジカメなどで撮った写真を文書に挿入します。

画像の挿入
サンプル 3-6_neko.jpg

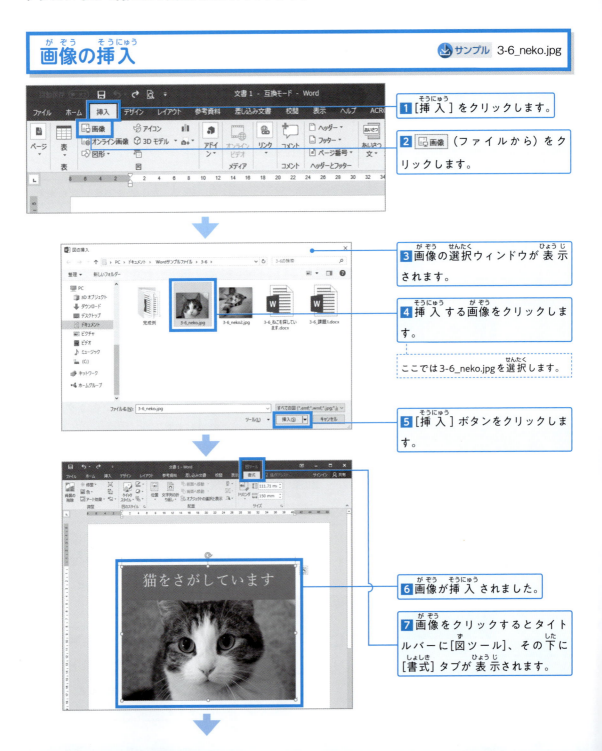

1 [挿入]をクリックします。

2 [画像]（ファイルから）をクリックします。

3 画像の選択ウィンドウが表示されます。

4 挿入する画像をクリックします。

ここでは3-6_neko.jpgを選択します。

5 [挿入]ボタンをクリックします。

6 画像が挿入されました。

7 画像をクリックするとタイトルバーに[図ツール]、その下に[書式]タブが表示されます。

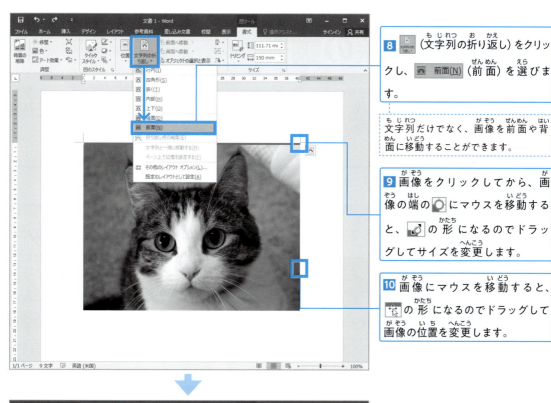

8 ■(文字列の折り返し)をクリックし、■前面(N)(前面)を選びます。

文字列だけでなく、画像を前面や背面に移動することができます。

9 画像をクリックしてから、画像の端の○にマウスを移動すると、■の形になるのでドラッグしてサイズを変更します。

10 画像にマウスを移動すると、■の形になるのでドラッグして画像の位置を変更します。

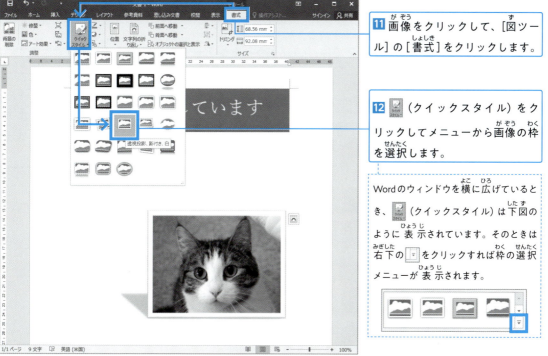

11 画像をクリックして、[図ツール]の[書式]をクリックします。

12 ■(クイックスタイル)をクリックしてメニューから画像の枠を選択します。

Wordのウィンドウを横に広げているとき、■(クイックスタイル)は下図のように表示されています。そのときは右下の▼をクリックすれば枠の選択メニューが表示されます。

3-6-3 画像の調整

画像をクリックするとタイトルバーには［図ツール］、その下には［書式］タブが表示されます。［書式］タブでは挿入した画像のサイズや色合いなどを調整できます。

サイズの変更

［書式］タブの［サイズ］グループではマウスでドラッグするよりも詳細な変更ができます。

1 縦と横のサイズがミリ単位で指定できます。

数値を入力するか、▲▼をクリックすることでサイズの変更ができます。

画像の調整方法

［書式］タブの［調整］グループでは、コントラストやアート効果などの調整ができます。

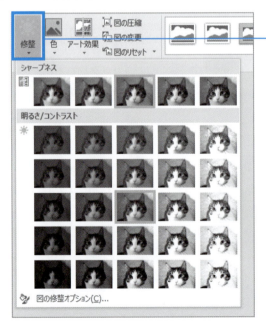

1 （修整）をクリックすると、シャープネスや明るさなど、調整後のイメージ画像がメニュー表示されます。

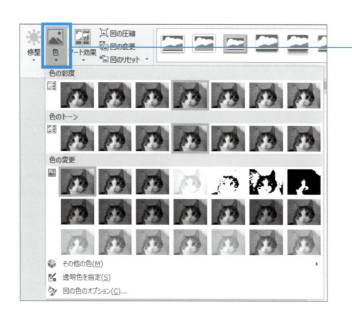

2 （色）をクリックすると彩度、トーン、色など、調整後のイメージ画像がメニュー表示されます。

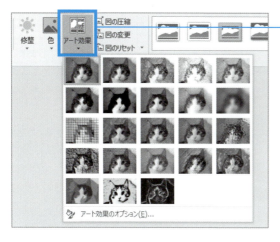

3 （アート効果）をクリックすると、アート効果が適用された、調整後のイメージ画像がメニュー表示されます。

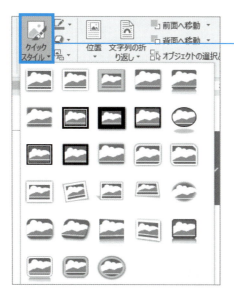

4 （クイックスタイル）をクリックすると、枠などがついた調整後のイメージ画像を見比べて選択できます。

クイックスタイルは下図のように表示されていることもあります。そのときは右下の▼をクリックすればメニューが表示されます。

3-6-4 画像の配置

複数の画像が重なったときの設定を学びます。

重なった画像の配置を変える

 サンプル neko2.jpg

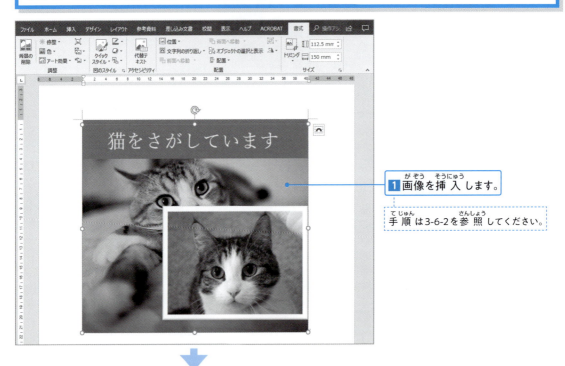

1 画像を挿入します。
手順は3-6-2を参照してください。

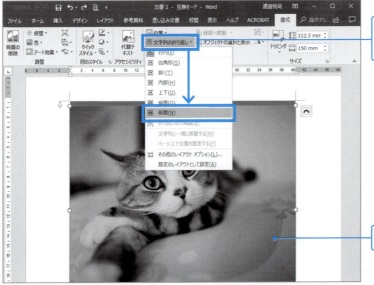

2 [文字列の折り返し]をクリックし、[前面]を選びます。

3 大きさや位置を調整します。

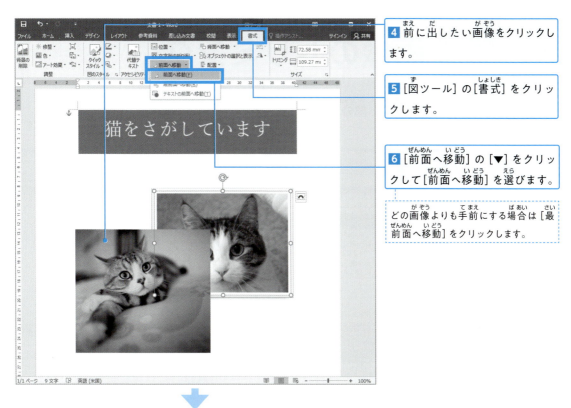

4 前に出したい画像をクリックします。

5 [図ツール]の[書式]をクリックします。

6 [前面へ移動]の[▼]をクリックして[前面へ移動]を選びます。

どの画像よりも手前にする場合は[最前面へ移動]をクリックします。

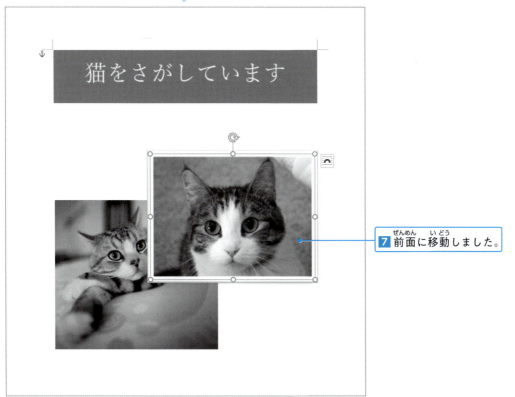

7 前面に移動しました。

3-6-5 画像のトリミング

トリミングとは画像の中で選んだ部分以外をカットすることをいいます。

画像のトリミング

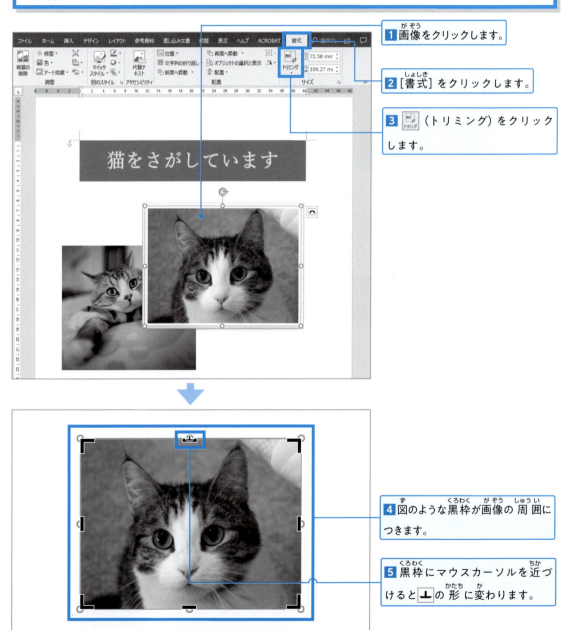

1 画像をクリックします。

2 [書式] をクリックします。

3 をクリックします。

4 図のような黒枠が画像の周囲につきます。

5 黒枠にマウスカーソルを近づけると┻の形に変わります。

6 黒枠をドラッグするとカットする範囲がグレーになります。

7 カットする範囲が決まったら、(トリミング) をクリックします。

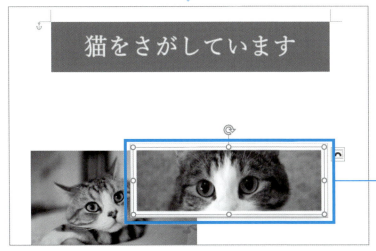

8 トリミングされました。

3-6-6 オンライン画像の挿入

オンラインから画像を探し、文書に挿入する方法を学びます。

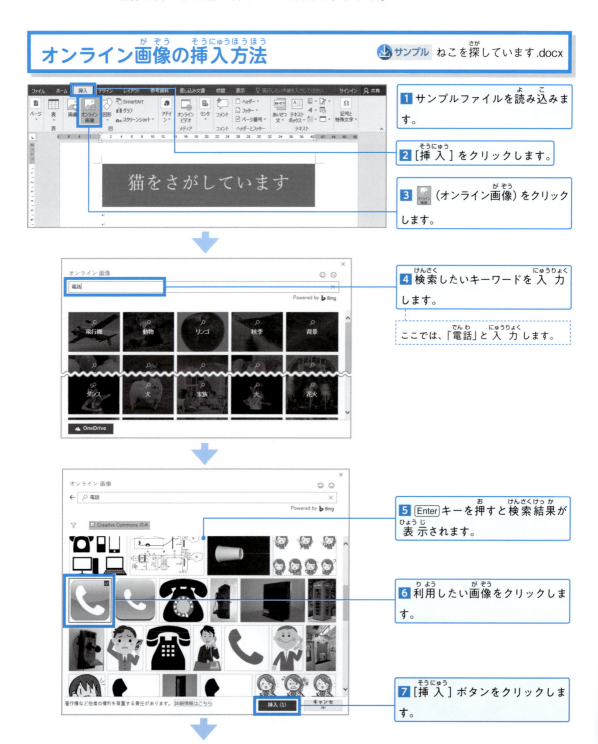

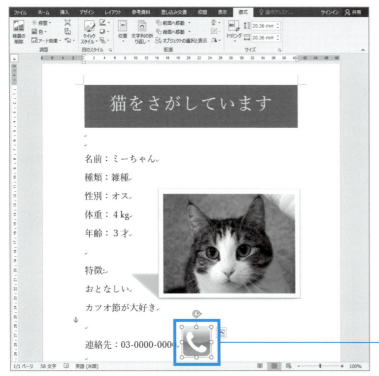

8 挿入された画像のサイズや位置を調整します。

> **Point** オンライン画像の利用について

どのオンライン画像にも著作権が存在します。そのため利用するには著作者の許諾が必要です。

しかし、クリエイティブコモンズでは、著作権の権利者が、あらかじめ利用を許可する意思表示をしています。

オンライン画像を検索したときに、「これらの結果はクリエイティブコモンズライセンスのタグ付きです。ライセンスをよく読み、準拠していることを確認してください。」と表示されることがあります。

クリエイティブコモンズでは、ライセンスの条件を守れば文書に、写真やイラストを利用することができます。

練習問題

課題1 下記の文字を入力して、完成例のような「開店のチラシ」を作成してみましょう。入力を省略したい人はサンプルファイルを使用してください。写真はオンラインを利用してみましょう。

サンプル 3-6_課題1.docx

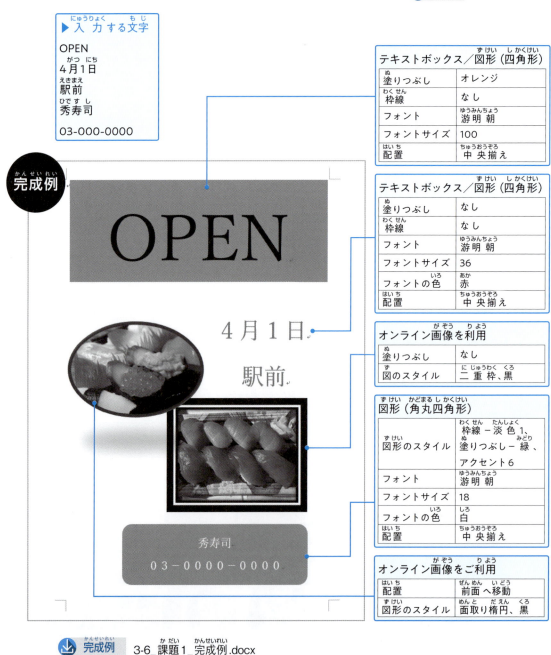

3-7 グラフィック要素2

文書に図形などを入れることを挿入といいます。スクリーンショットやテキストボックス、図形を挿入して文書を作成してみましょう。

学ぶこと
- 3-7-1 スクリーンショット
- 3-7-2 テキストボックスの挿入
- 3-7-3 テキストボックスの設定
- 3-7-4 図形の挿入と設定

完成例

- 3-7-1 スクリーンショット
- 3-7-2 テキストボックスの挿入
- 3-7-3 テキストボックスの設定
- 3-7-4 図形の挿入と設定

サンプル　3-7_odaiba.jpg、3-7_beer.jpg
完成例　3-7_お台場ビアガーデン_完成例.docx

3-7-1 スクリーンショット

スクリーンショットとは、デスクトップに表示された全体や一部を画像にすることをいいます。スクリーンショットを利用して、文書に挿入してみましょう。

スクリーンショットで画像を挿入

サンプル 3-7_odaiba.jpg

スクリーンショットで挿入した画像を文書の背景として使います。

1 背景にしたい画像を表示します。

ここではサンプルファイル3-7_odaiba.jpgをダブルクリックして表示しています。

Webブラウザで表示した画像でもかまいません。

2 [挿入]をクリックします。

3 [スクリーンショット]をクリックします。

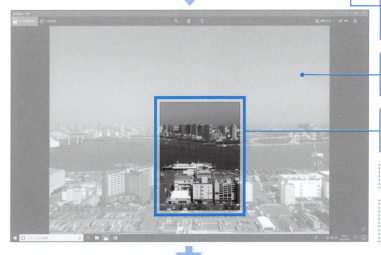

4 [画面の領域]をクリックします。

5 少し待つと画面が白っぽくなります。

6 必要な部分をドラッグして囲みます。

囲った画像は濃く表示されます。

中止したいときは Esc キーを押します。

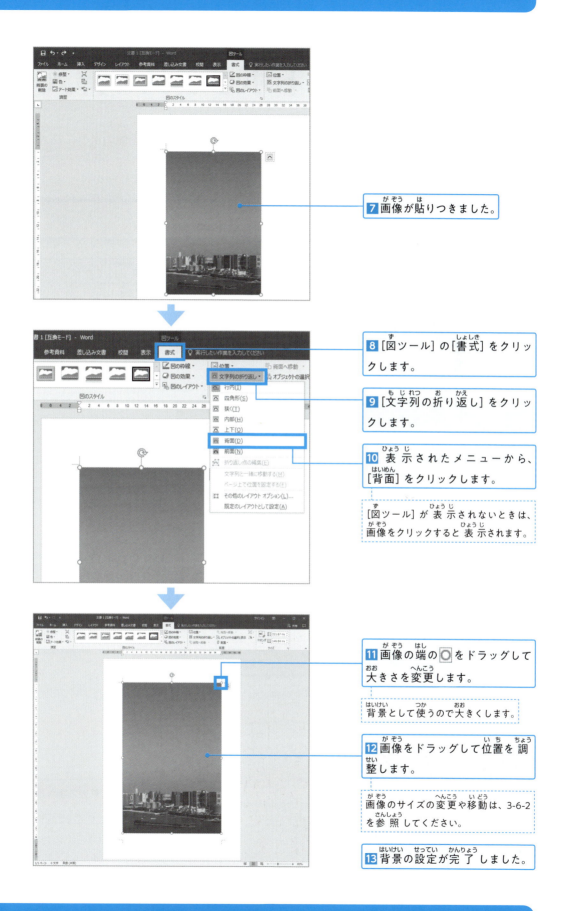

3-7-2 テキストボックスの挿入

テキストボックスは四角い枠の中に文字を入れて、ワードアートや画像のように拡大したり、移動することができます。

テキストボックスの作成と挿入

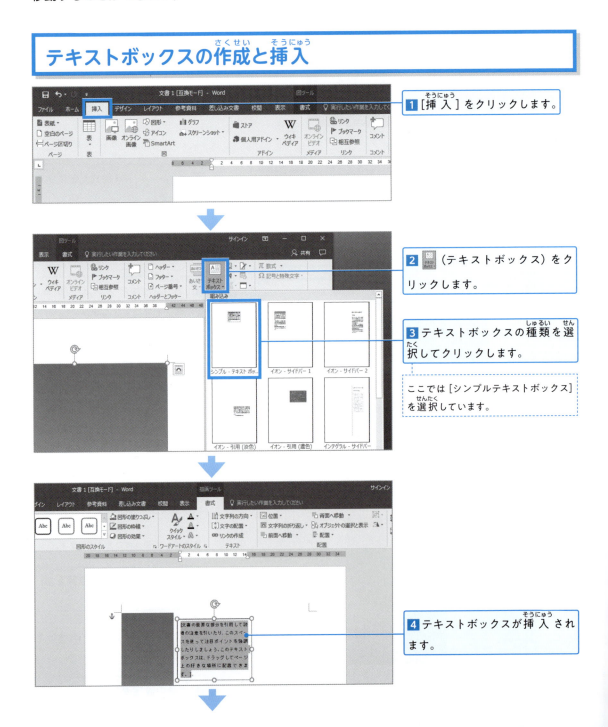

3-7-3 テキストボックスの設定

挿入したテキストボックスは、位置、大きさ、文字の書式などの設定をすることができます。

テキストボックスの設定手順

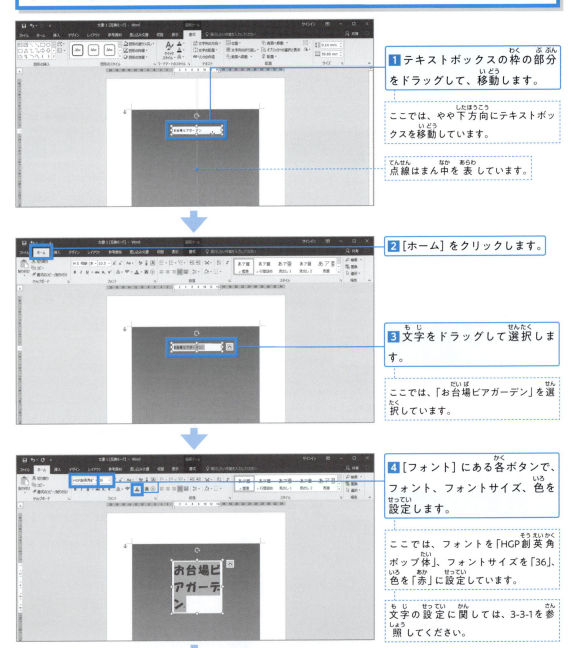

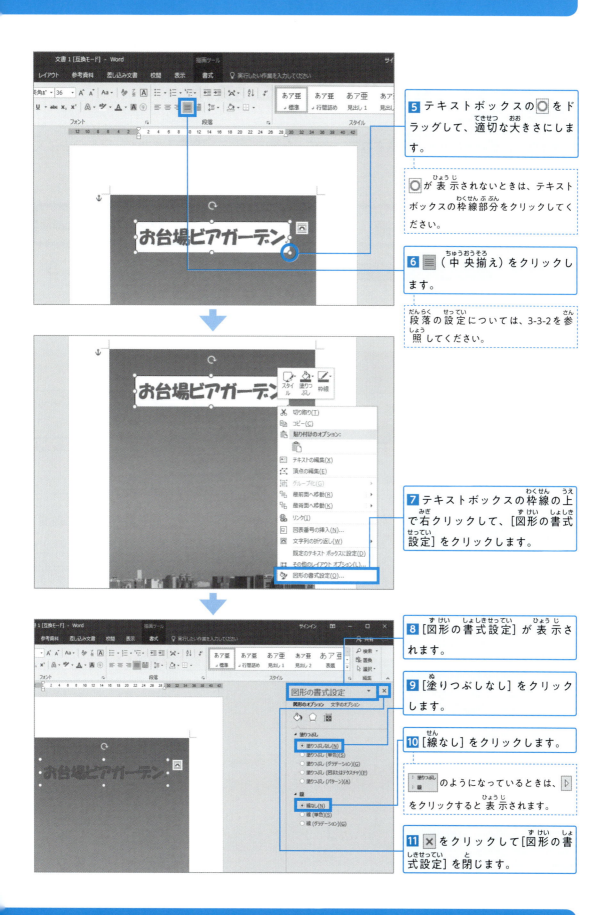

3-7-4 図形の挿入と設定

Wordにはいろいろな図形が用意されています。文書のなかに図形を入れたり、図形の中に文字を入れてみます。

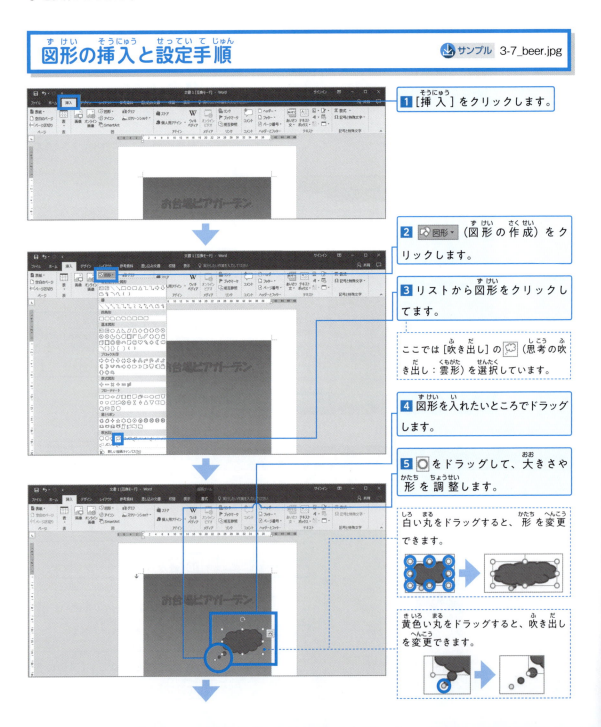

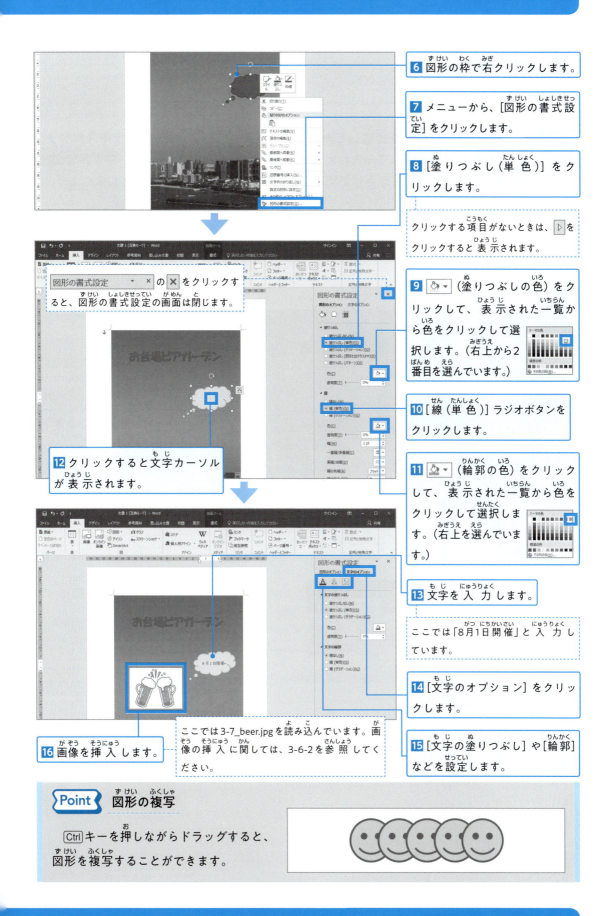

練習問題

 プール開きのポスターを作成してみましょう。スクリーンショット、テキストボックス、図形を使って作成してみましょう。スクリーンショットはインターネット上の画像をWebブラウザで表示させて利用しましょう。用紙は横向きに設定しましょう。

▶入力する文字
プール開き
7月1日（日曜日）

図形－基本図形－太陽	
塗りつぶし	オレンジ
線	ピンク

フォント：HGP創英角ポップ体
フォントサイズ：26
フォントの色：赤

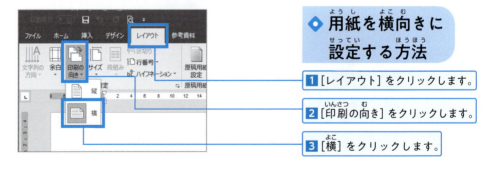

◆ 用紙を横向きに設定する方法

1 [レイアウト] をクリックします。
2 [印刷の向き] をクリックします。
3 [横] をクリックします。

 3-7_課題1_完成例.docx

3-8 グラフィック要素3

ページの背景色を変えたり、画像を加工してポスターを作成してみましょう。また、図の書式を使うことにより、文書に合うデザインの設定方法を学びます。

学ぶこと
- 3-8-1 ページの背景色
- 3-8-2 オンライン画像の挿入
- 3-8-3 図の体裁とアート効果
- 3-8-4 図形の書式

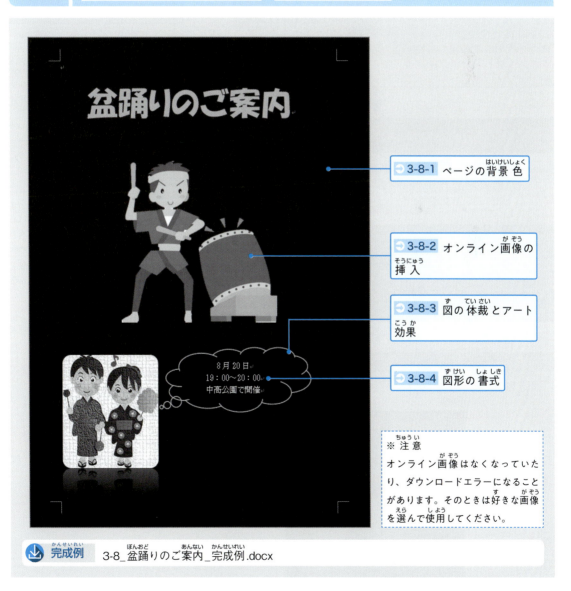

※注意
オンライン画像はなくなっていたり、ダウンロードエラーになることがあります。そのときは好きな画像を選んで使用してください。

完成例 3-8_盆踊りのご案内_完成例.docx

3-8-1 ページの背景色

ページの白い部分を背景といいます。標準では白ですが、色を付けることができます。

ページの背景色を黒にする

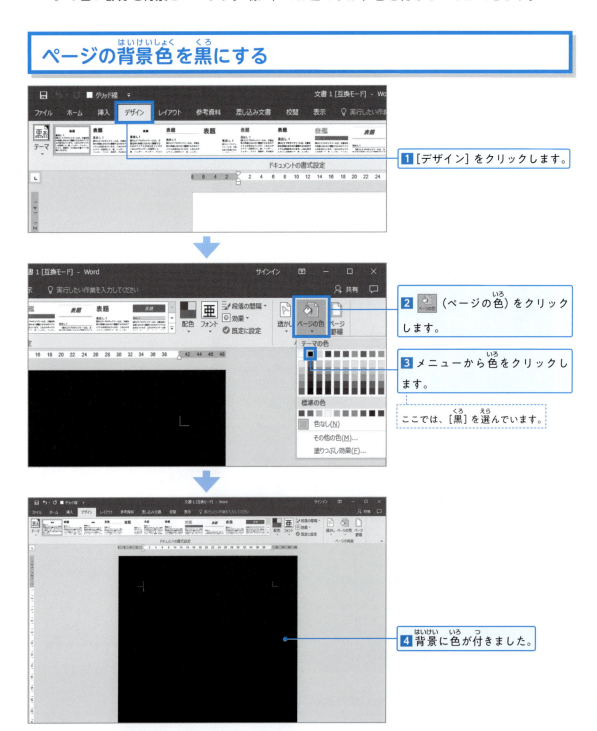

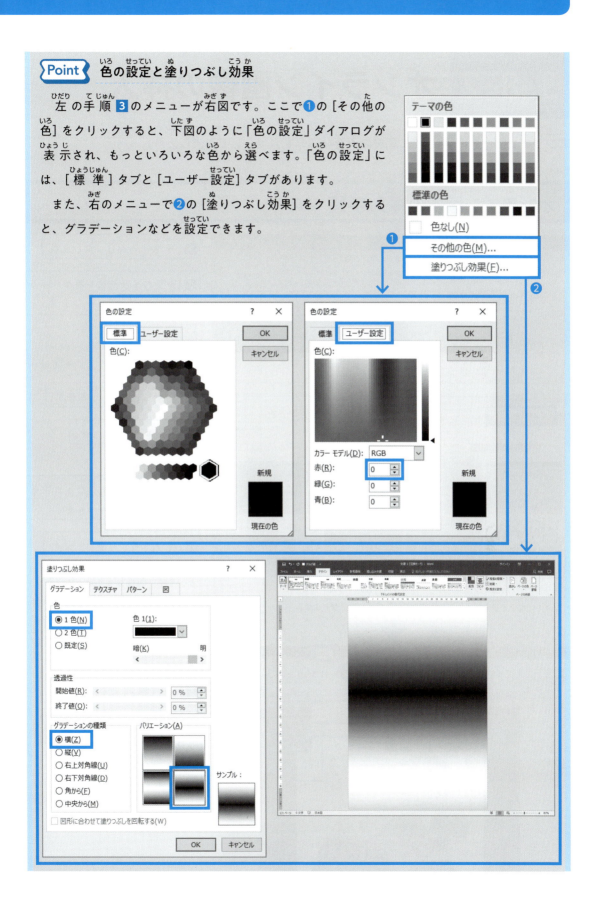

3-8-2 オンライン画像の挿入

オンライン画像を挿入して、画像の不要な部分をカットしてみましょう。

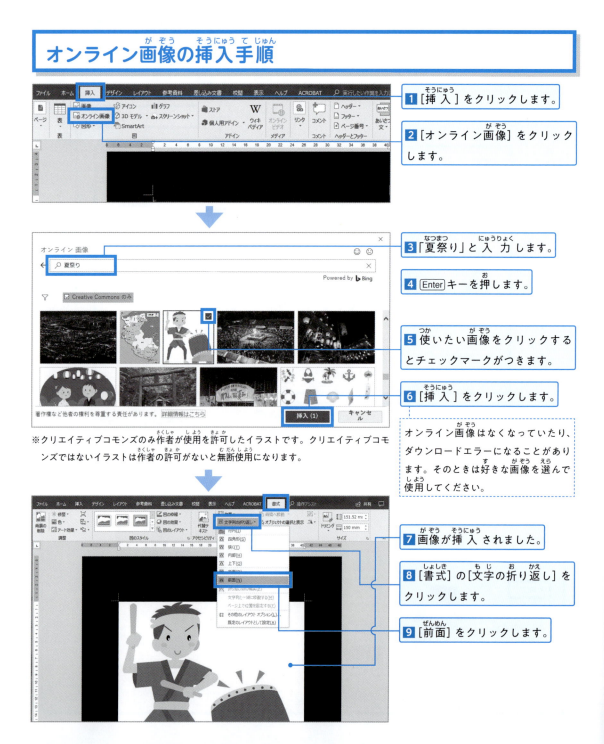

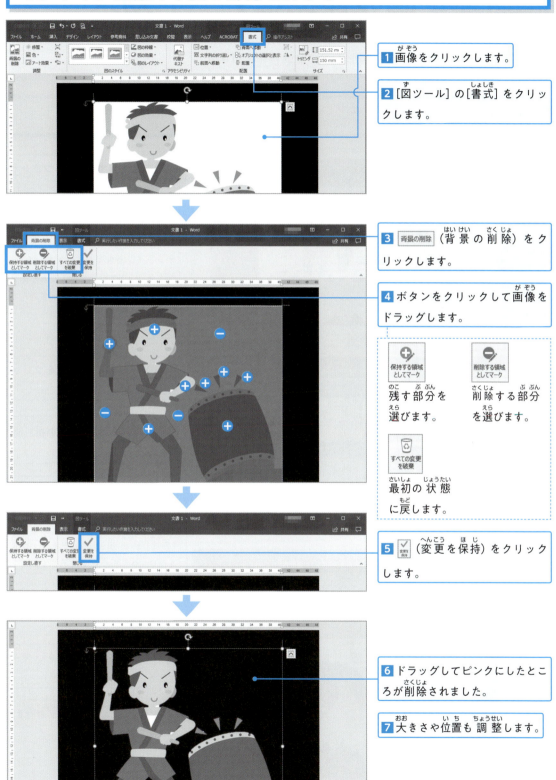

3-8-3 図の体裁とアート効果

図の体裁とアート効果により、図形にアクセントを付けます。

アート効果の手順

1. 3-8-2を参考にもう1つオンライン画像を挿入します。

「夏祭り」で検索します。

オンライン画像はなくなっていたり、ダウンロードエラーになることがあります。そのときは好きな画像を選んで使用してください。

2. [図ツール]の[書式]をクリックします。

3. 文字列の折り返し（文字の折り返し）をクリックします。

4. メニューから[前面]をクリックします。

[書式]が表示されないときは、画像をクリックすると表示されます。

5. [図スタイル]の（その他）をクリックします。

6. メニューから使用したいスタイルをクリックします。

ここでは、[角丸四角形、反射付き]を選択しています。

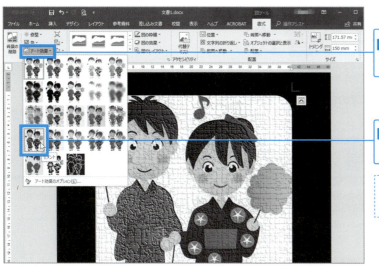

7 ［アート効果▼］（アート効果）をクリックします。

8 メニューから使用したいアート効果をクリックします。

ここでは、［セメント］を選択しています。

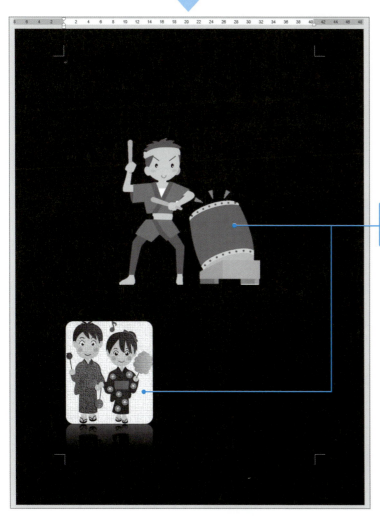

9 図形の位置と大きさを調整します。

3-8-4 図形の書式

図形を挿入し、塗りつぶしや枠線の色を変更します。

図形の書式の設定手順

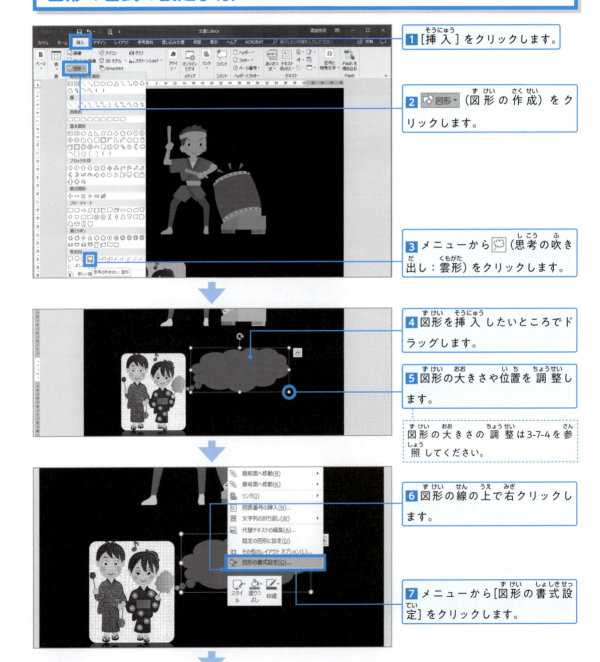

1 [挿入]をクリックします。

2 図形▼（図形の作成）をクリックします。

3 メニューから（思考の吹き出し：雲形）をクリックします。

4 図形を挿入したいところでドラッグします。

5 図形の大きさや位置を調整します。

図形の大きさの調整は3-7-4を参照してください。

6 図形の線の上で右クリックします。

7 メニューから[図形の書式設定]をクリックします。

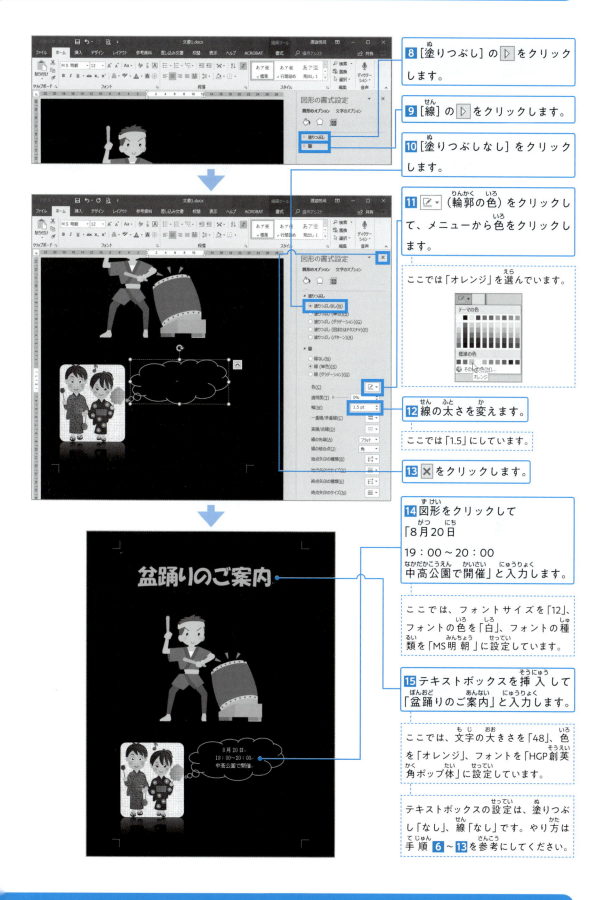

練習問題

 右のようなバレンタインデーのポスターを作成してみましょう。背景は、2色によるグラデーションを付けてみましょう。画像はオンライン画像を利用しましょう。

図形－基本図形－ハート

塗りつぶし	ピンク
線	黄色

完成例

テキストボックス

フォント	Times New Roman
フォントサイズ	48
フォントの色	黄色

※注意
オンライン画像はなくなっていたり、ダウンロードエラーになることがあります。そのときは好きな画像を選んで使用してください。

背景のグラデーション

色1	ピンク
色2	赤
グラデーションの種類	横

完成例 3-8_課題1_完成例.docx

Point 2色によるグラデーションのやり方

2色によるグラデーションは[デザイン]タブの[ページの色]の[塗りつぶし効果]で設定します。

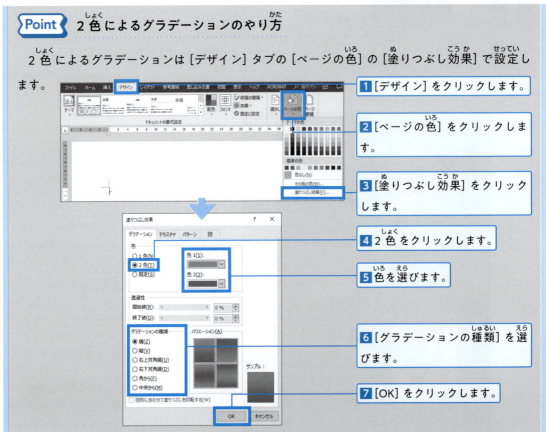

1 [デザイン]をクリックします。
2 [ページの色]をクリックします。
3 [塗りつぶし効果]をクリックします。
4 2色をクリックします。
5 色を選びます。
6 [グラデーションの種類]を選びます。
7 [OK]をクリックします。

3-9 はがきの作成

はがきとはメッセージと送り先が裏表面に書かれた日本のポストカードのことです。はがきのメッセージ面を「文面」、送り先を「宛名面」といいます。Wordにはウィザードという機能があり、簡単にはがきを作成できます。

学ぶこと
- 3-9-1 はがき（文面）の作成
- 3-9-2 はがき（宛名面）の作成
- 3-9-3 差し込み印刷

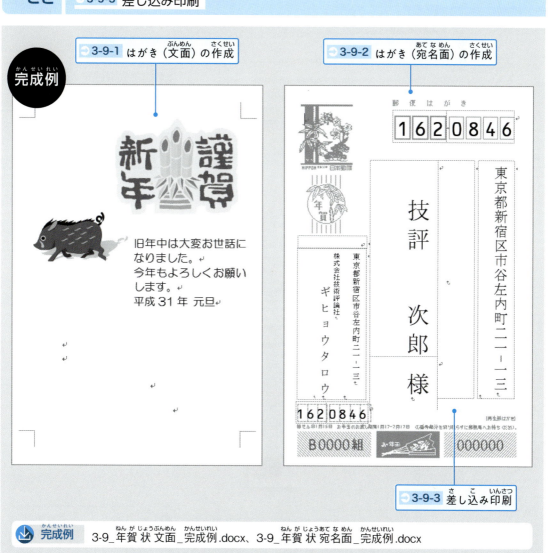

完成例 3-9_年賀状文面_完成例.docx、3-9_年賀状宛名面_完成例.docx

3-9-1 はがき（文面）の作成

日本では新年を祝うはがきを親しい人に送る習慣があります。このはがきのことを年賀状といいます。Wordのウィザード機能を使い、年賀状の文面（メッセージ面）を作成します。

はがきの文面を作成する手順

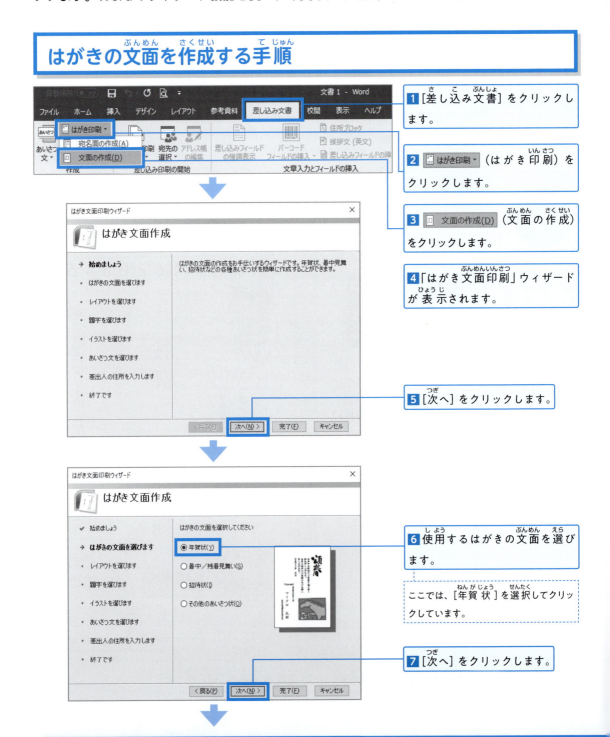

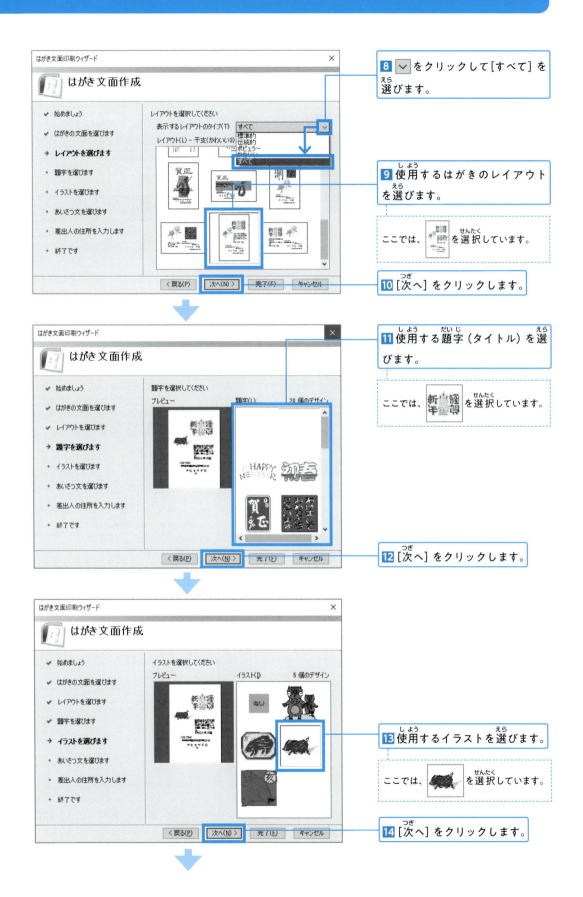

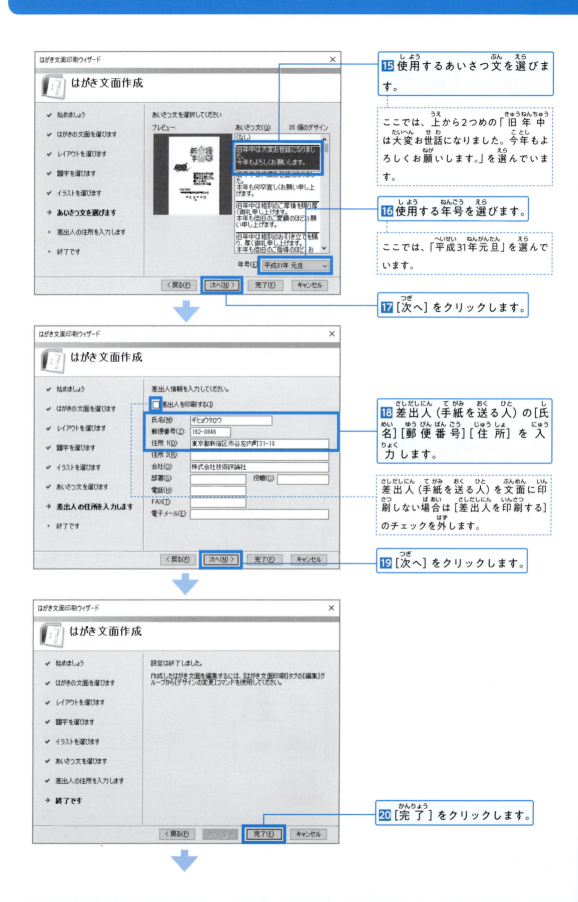

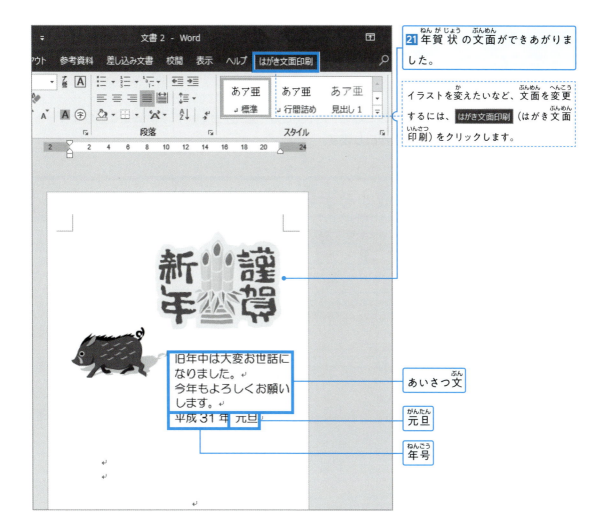

Point 年賀状と動物イラスト

日本では、年賀状の文面に動物のイラストを入れる習慣があります。これは、十二支といって、1年間を12の動物に当てはめたものです。12年で1周します。自分の生まれた年のことを動物を使って、「丑年生まれ」などといいます。また、自分の生まれた年と同じ動物の年を迎えた人を「年男」「年女」といい、12年ごとにやってきます。年齢が12年離れた人のことを「一回り年が違う」、という言い方をします。

Point 年賀状を送るポイント

・年上の人に送るときは題字(タイトル)を、4文字(「謹賀新年」「恭賀新年」)、または「謹んで」が入った言葉(例:「謹んで新春のお慶びを申し上げます」)を選びましょう。
・印刷するだけではなく、ペンでメッセージを書くと、より心が伝わります。

3-9-2 はがき（宛名面）の作成

はがきを送る相手の名前と住所のことを「宛名」とか「宛先」といいます。Wordのウィザード機能を使い、年賀状の宛名面を作成します。

はがきの宛名面を作成する手順

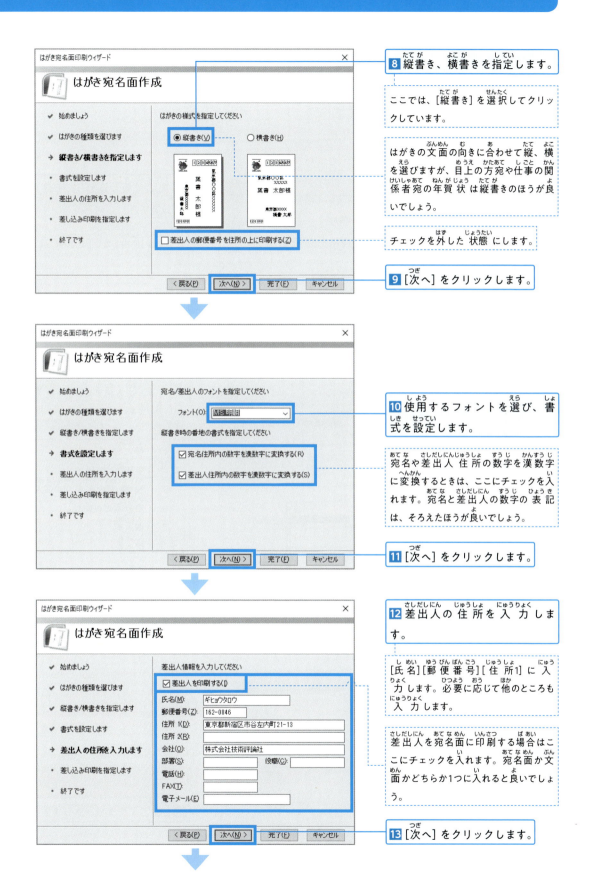

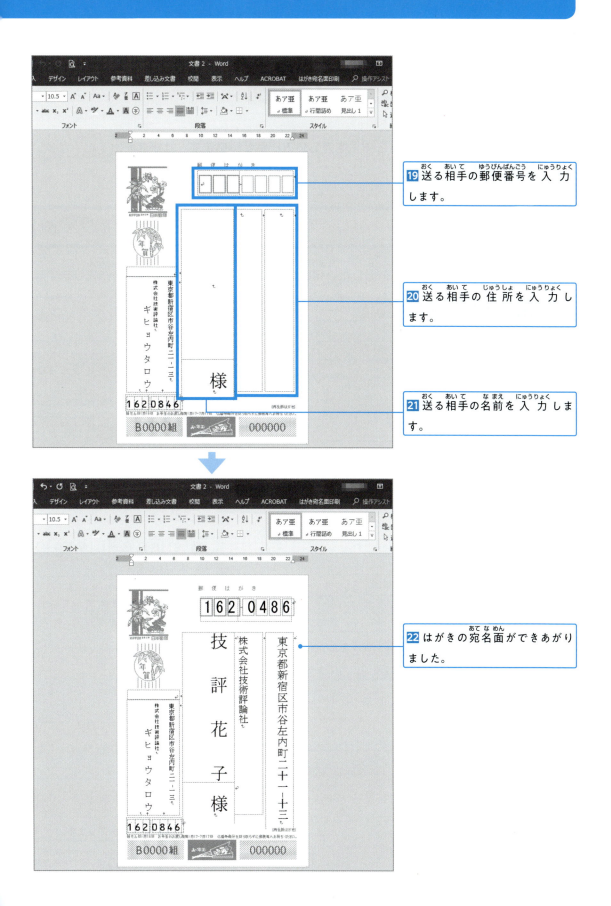

3-9-3 差し込み印刷

住所録をもとに宛名面を印刷する方法を差し込み印刷といいます。はがきを出す相手が多いときに使うと便利です。

住所録の作成  3-9_住所_入力.pdf

ここでは、あらかじめはがきを出したい相手の住所録(アドレスブック)を作成します。

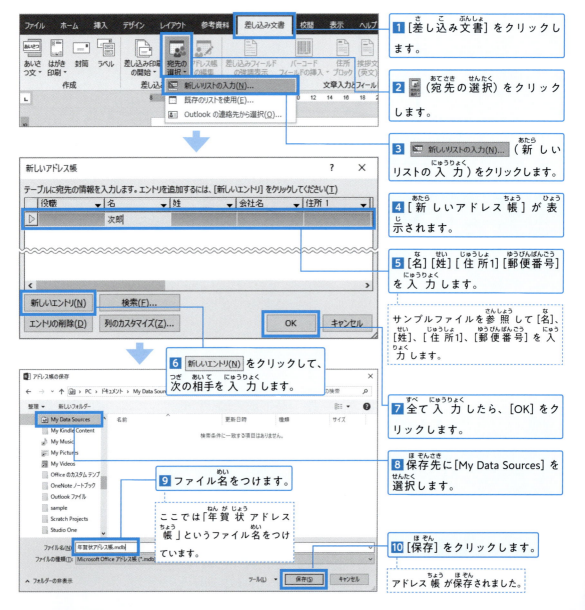

1. [差し込み文書]をクリックします。
2. （宛先の選択）をクリックします。
3. 新しいリストの入力(N)...（新しいリストの入力）をクリックします。
4. [新しいアドレス帳]が表示されます。
5. [名][姓][住所1][郵便番号]を入力します。
   サンプルファイルを参照して[名]、[姓]、[住所1]、[郵便番号]を入力します。
6. 新しいエントリ(N) をクリックして、次の相手を入力します。
7. 全て入力したら、[OK]をクリックします。
8. 保存先に[My Data Sources]を選択します。
9. ファイル名をつけます。
   ここでは「年賀状アドレス帳」というファイル名をつけています。
10. [保存]をクリックします。
    アドレス帳が保存されました。

差し込み印刷の手順

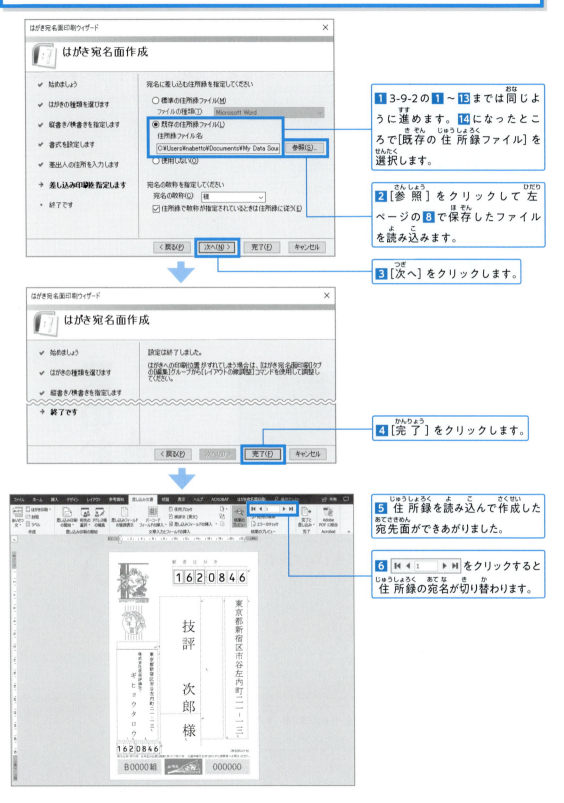

練習問題

 日本では「暑中見舞い」といって、夏の暑い時期に健康を気遣う手紙を出す習慣があります。ウィザード機能を使い、次のような暑中見舞いはがきを作成しましょう。

▶文面の文字（入力する場合）

暑中お見舞い申し上げます

まだまだ暑いなか、如何お過ごしですか。
お身体にお気を付けて楽しい夏をお過ごしください。

〒162-0846
東京都新宿区市谷左内町 21-13

ギヒョウタロウ

完成例

立秋（例年8月7日頃）を過ぎたら、タイトルを「暑中見舞い」から「残暑見舞い」に切り替えましょう。

 完成例　3-9_課題1_完成例.docx

3-10 スマートアート

スマートアートを使えば文書にアイデアや情報を簡単に図として表せます。スマートアートを使って一目でわかる文書を作成してみましょう。

 学ぶこと
- 3-10-1 スマートアートの使い方
- 3-10-2 デザインの変更
- 3-10-3 図形の追加

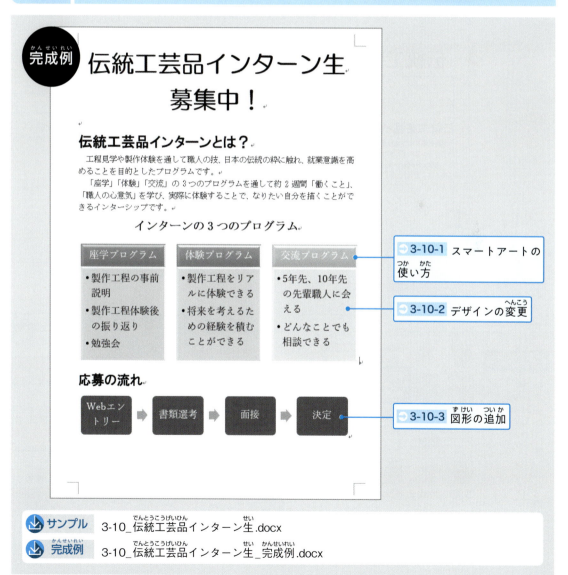

サンプル　3-10_伝統工芸品インターン生.docx
完成例　3-10_伝統工芸品インターン生_完成例.docx

3-10-1 スマートアートの使い方

スマートアートを使うと見やすい文書になります。

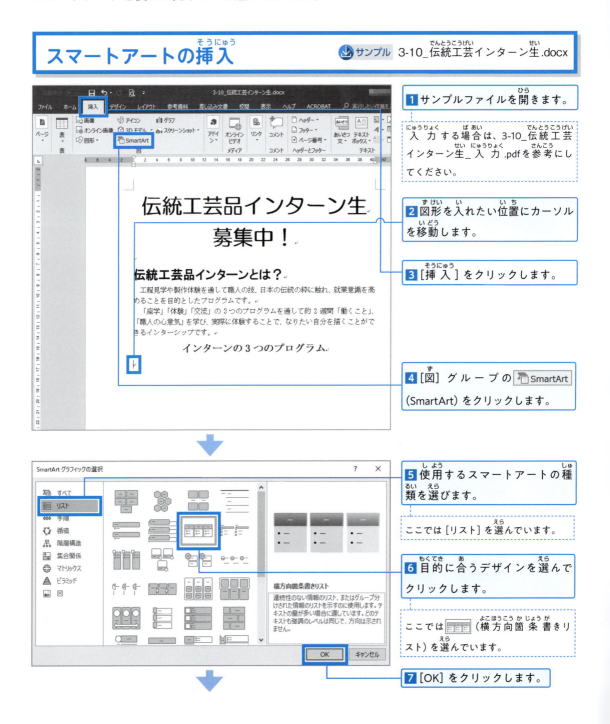

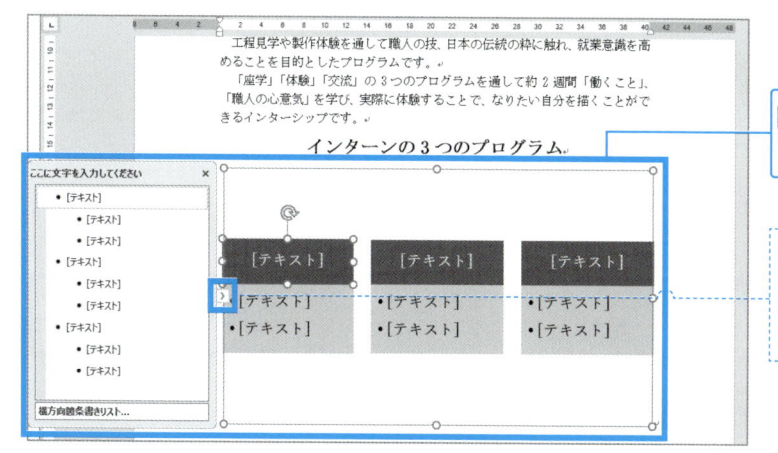

8 テキストウィンドウと図形が表示されます。

もし、テキストウィンドウが表示されないときは図形の左の《 をクリックします。

スマートアートに文字を入力

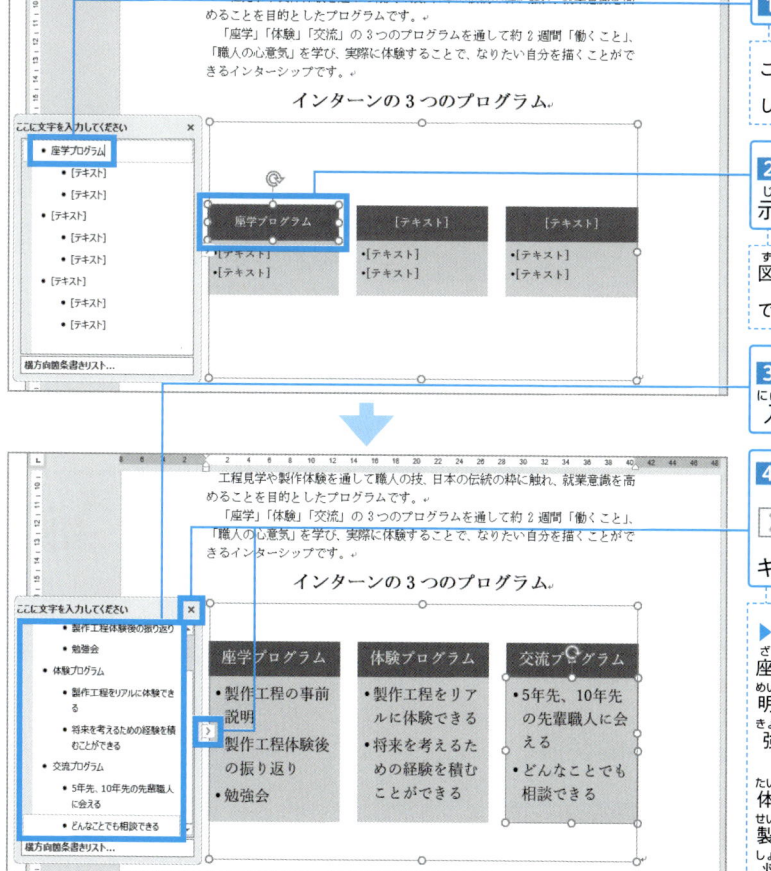

1 文字を入力します。

ここでは「座学プログラム」と入力します。

2 入力した文字がここにも表示されます。

図形をクリックして入力することもできます。

3 同様に、他の項目も文字を入力します。

4 文字を入力し終わったら、 〉 もしくは ✕ をクリックしてテキストウィンドウを閉じます。

▶ 入力する文字
座学プログラム／製作工程の事前説明／製作工程体験後の振り返り／勉強会

体験プログラム
製作工程をリアルに体験できる／将来を考えるための経験を積むことができる

交流プログラム
5年先、10年先の先輩職人に会える／どんなことでも相談できる

3-10-2 デザインの変更

スマートアートの色やスタイルを変更します。

色の変更

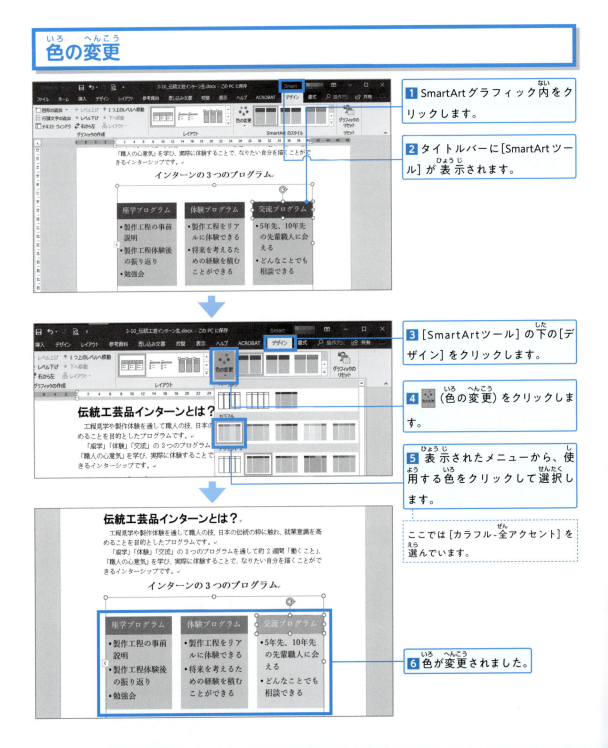

1 SmartArtグラフィック内をクリックします。

2 タイトルバーに[SmartArtツール]が表示されます。

3 [SmartArtツール]の下の[デザイン]をクリックします。

4 （色の変更）をクリックします。

5 表示されたメニューから、使用する色をクリックして選択します。

ここでは[カラフル-全アクセント]を選んでいます。

6 色が変更されました。

Point スマートアートの種類

　スマートアートには、組織図や手順、リスト、関係図など、よく使われる図がテンプレート（ひな形）として用意されていて、そこから選ぶことができます。次のような種類の図を利用できます。

● リスト（カード型リスト）

● 手順（基本ステップ）

● 循環（基本の循環）

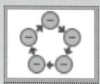

● 段階構造（組織図）

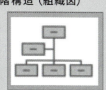

● 集合関係（バランス）

● マトリックス（基本マトリックス）

● ピラミッド（基本ピラミッド）

● 図（アクセント付きの図）

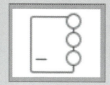

Point 図形の削除

　スマートアートから図形を削除するには、削除する図形を選択して delete キーを押します。スマートアート全体を削除するには、枠線をクリックして delete キーを押します。

スタイルの変更

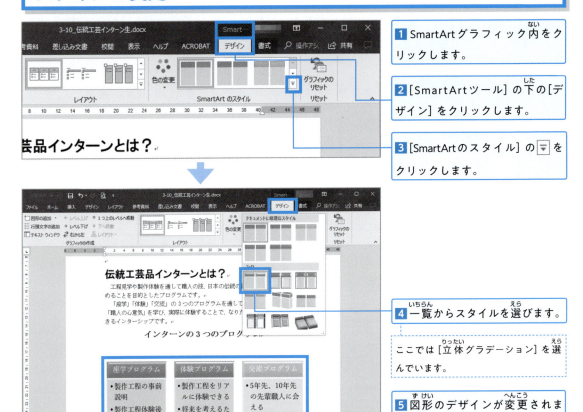

1 SmartArtグラフィック内をクリックします。

2 [SmartArtツール]の下の[デザイン]をクリックします。

3 [SmartArtのスタイル]の ▼ をクリックします。

4 一覧からスタイルを選びます。

ここでは[立体グラデーション]を選んでいます。

5 図形のデザインが変更されました。

> **Point** 形や文字の変更
>
> 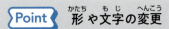 や枠をドラッグして大きさや位置を調整しましょう。文字をドラッグすると「フォントの設定」が表示されます。文字を選んで[ホーム]タブからでも「フォントの設定」ができます。
>
>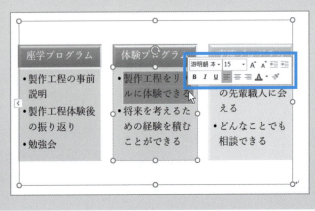

3-10-3 図形の追加

スマートアートの項目を増やす実例です。

スマートアートを挿入し、図形を追加

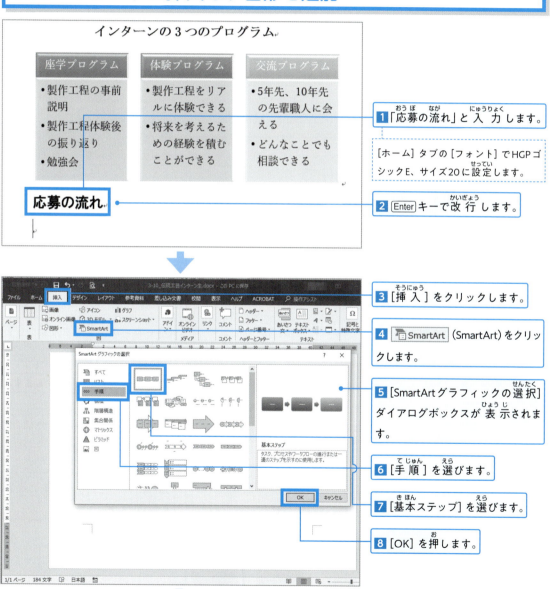

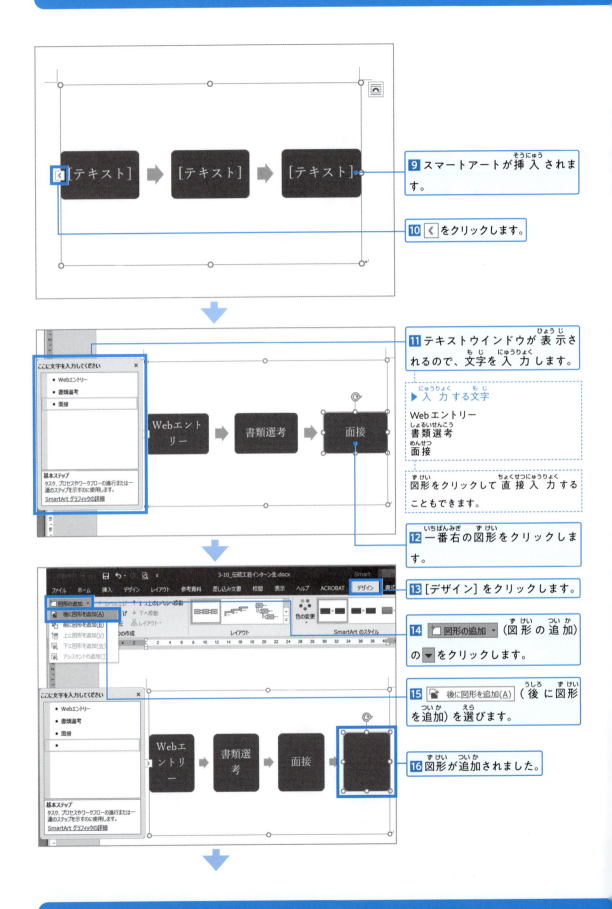

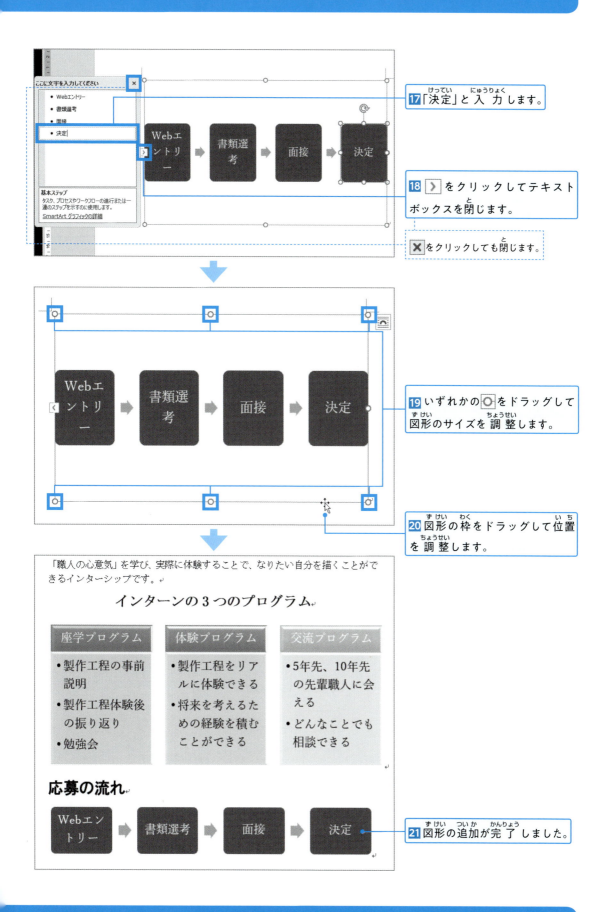

練習問題

課題1 サンプルファイルを読み込んで「紀ノ川地区夏祭り実行委員会発足のお知らせ」を作成しましょう。入力する場合3-10_課題1_入力.pdfを参考にしてください。

 サンプル 3-10_課題1.docx

フォント（全部）：MS明朝
フォントサイズ：下記
配置：下記

完成例

- 10.5 → 紀ノ川地区のみなさまへ
- 10.5 右揃え → 2019年4月15日
- → 紀ノ川地区夏祭り実行委員長
- 14（太字）中央揃え → 紀ノ川地区夏祭り実行委員会発足のお知らせ

過日お知らせの通り、8月13日(土)に紀ノ川地区の夏祭りの開催を予定しております。開催にあたっては、別図の通り地域住民で構成される実行委員会を組織し準備を進めております。

また、夏祭りイベントにおきましては、次のような企画を考えておりますので楽しみにご参加ください。

- 民謡歌手 北島一郎を招いての盆踊り大会
- 漫才コンビ OSAKAキッズのお笑いライブ
- 地元B級グルメ模擬店出店

箇条書き

【紀ノ川地区夏祭り実行委員会組織図】 — 10.5（太字）

組織図：
- 夏祭り実行委員会
  - 事務局
    - 総務
    - 会計
    - 広報
  - 盆踊り運営委員会
  - お笑いライブ運営委員会
  - 模擬店運営委員会
    - 屋台
    - ものづくり体験

9 中央揃え

10.5 右揃え → 以上

【参考】詳しい手順を知りたい方は「3-10_課題1_参考.pdf」を参考にしてください。

完成例 3-10_課題1_完成例.docx

組織図を作る大まかな手順

1 [挿入]タブ→[SmartArt]ボタン→階層構造→ラベル付き階層

2 [SmartArtツール]の[デザイン]タブ→[色の変更]→アクセント1→[枠線のみ－アクセント1]（一番左）

3 [SmartArtツール]の[デザイン]タブ→[SmartArtのスタイル]グループ→▼ボタン（[その他]ボタン）→[黒細枠]

4 図形の1つ（例：2列目／左）を選択

5 SmartArtツールの[デザイン]タブ→[図形の追加]→[下に図形を追加]（選択した図形の下に追加されます。）

6 もう一度、図形の1つ（例：2列目／左）を選択

7 SmartArtツールの[デザイン]タブ→[図形の追加]→[後に図形を追加]（選択した図形の右に追加されます。）

8 図形の選択と**5**、**7**を繰り返して、組織図を作成

9 テキストを入力

3-11 レイアウトの工夫

段組みを使ってメリハリのある文書を作成しましょう。また、セクション区切りを使ってサイズと向きの違うページを作ります。

学ぶこと
- 3-11-1 ページ区切り
- 3-11-2 段組み
- 3-11-3 段区切り
- 3-11-4 セクション区切り

- サンプル　3-11_日本クイズ.docx
- 完成例　3-11_日本クイズ_完成例.docx

3-11-1 ページ区切り

ページ区切りを使うと、「改ページ」マークが挿入され、そこから下を次のページに分けることができます。

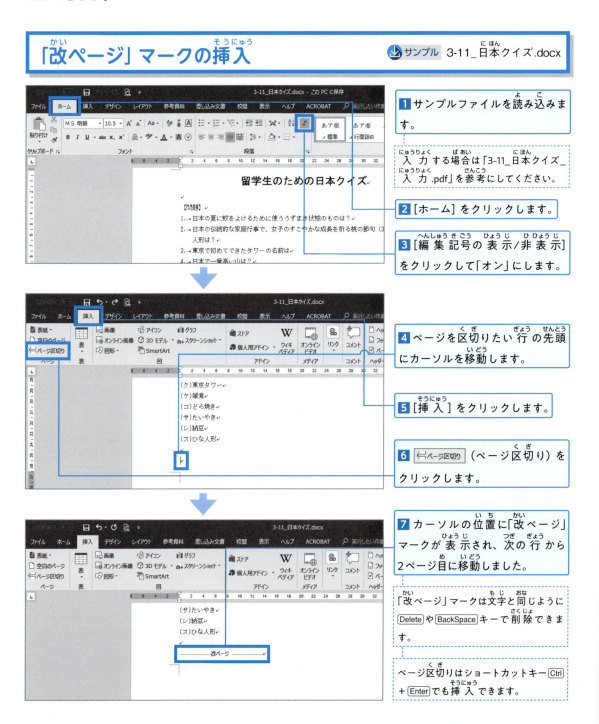

3-11-2 段組み

文書を読みやすくする方法のひとつとして段組みがあります。段組みでは、行を複数の列にして見せることができます。

文書全体を段組みにする方法

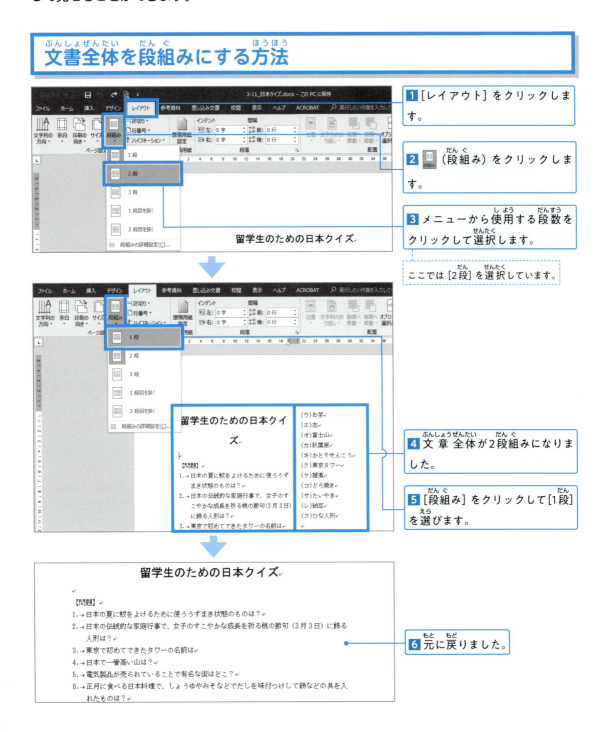

指定した範囲だけを段組みにする方法

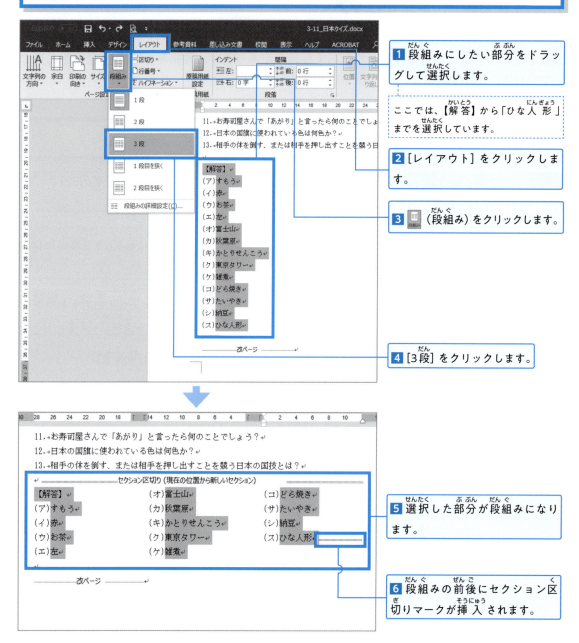

1 段組みにしたい部分をドラッグして選択します。

ここでは、【解答】から「ひな人形」までを選択しています。

2 [レイアウト] をクリックします。

3 （段組み）をクリックします。

4 [3段] をクリックします。

5 選択した部分が段組みになります。

6 段組みの前後にセクション区切りマークが挿入されます。

段組みの詳細設定

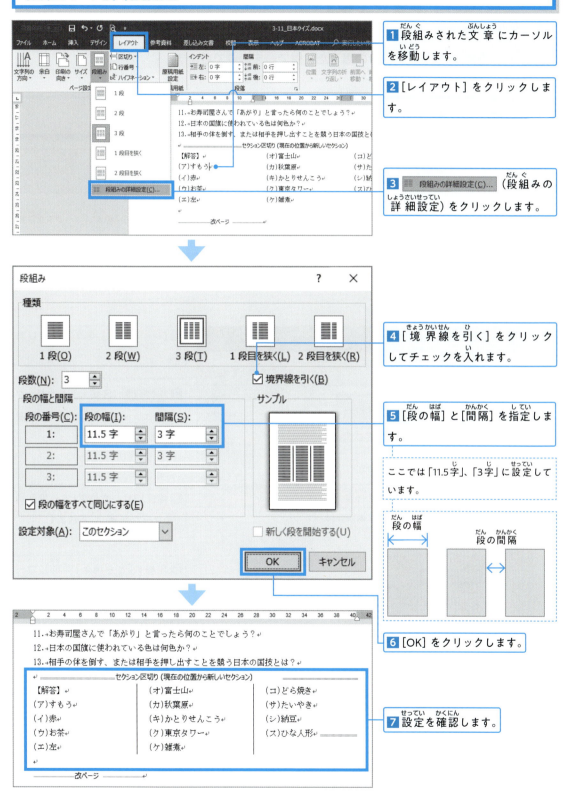

3-11-3 段区切り

「段区切り」を挿入すると、自分の思った位置で段を変更できます。

段区切りの挿入

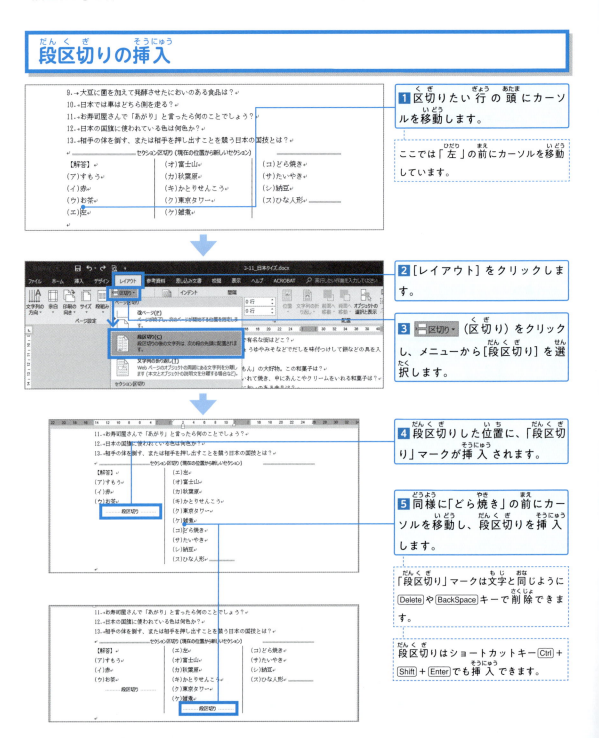

3-11-4 セクション区切り

「セクション区切り」を挿入すると、文書を区切り、セクションごとに書式を設定できます。たとえばページサイズや用紙の向きを変えることができます。

セクション区切りの挿入

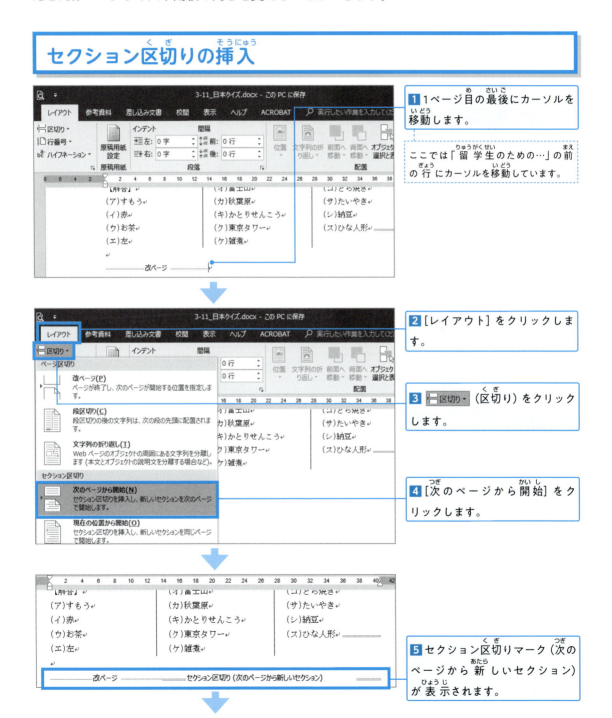

用紙の向きの変更

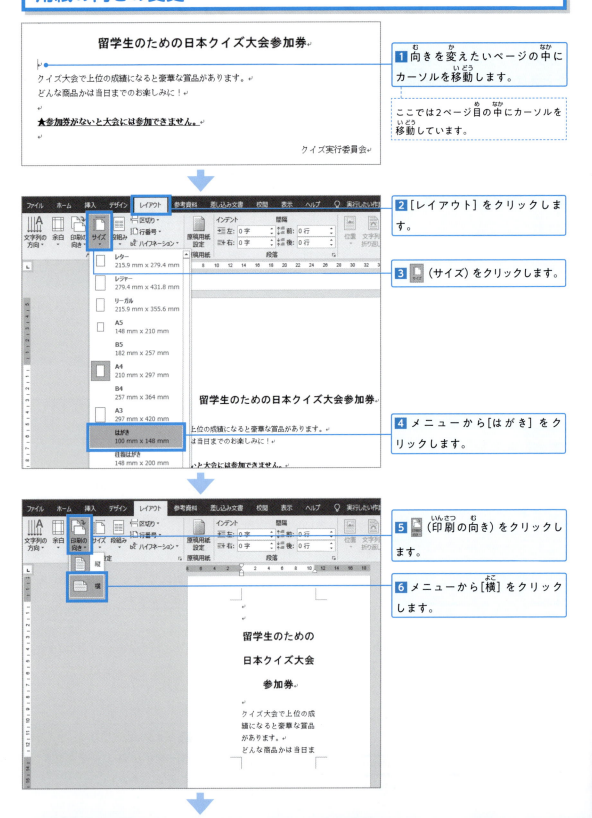

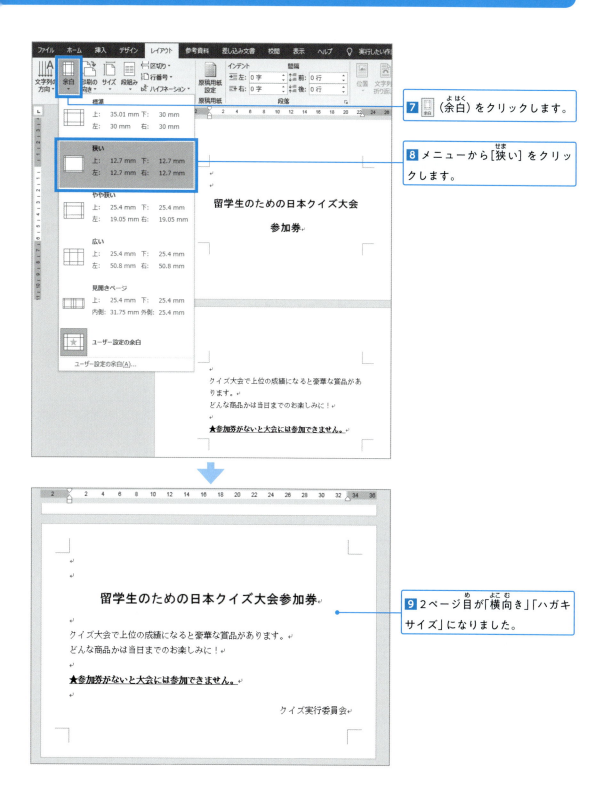

練習問題

課題1 サンプルファイルを使用して、下の文書を作成しましょう。自分で入力する場合は 3-11_課題1_入力.pdfを参考にしてください。

サンプル 3-11_課題1.docx

本文フォント：MS明朝
フォントサイズ：10.5

A フォント：MSゴシック
フォントサイズ：18
配置：中央揃え

B セクション区切り

C フォント：MSゴシック、網かけ
フォントサイズ：11

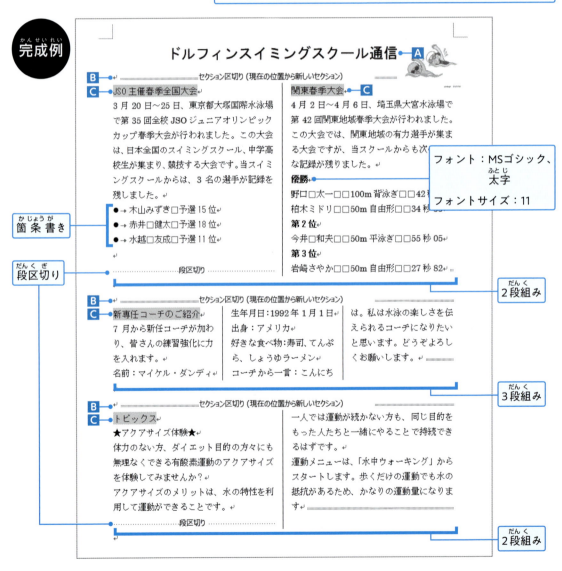

完成例 3-11_課題1_完成例.docx

3-12 長文の作成に便利な機能

長文を作成するときに便利な機能を学びます。見出しやスタイルを使って見やすい文書を作成してみましょう。また、ここでは目次を自動的に作り、表紙を挿入します。

学ぶこと
- 3-12-1 スタイルと見出し
- 3-12-2 目次の作成
- 3-12-3 表紙の作成
- 3-12-4 ドロップキャップ

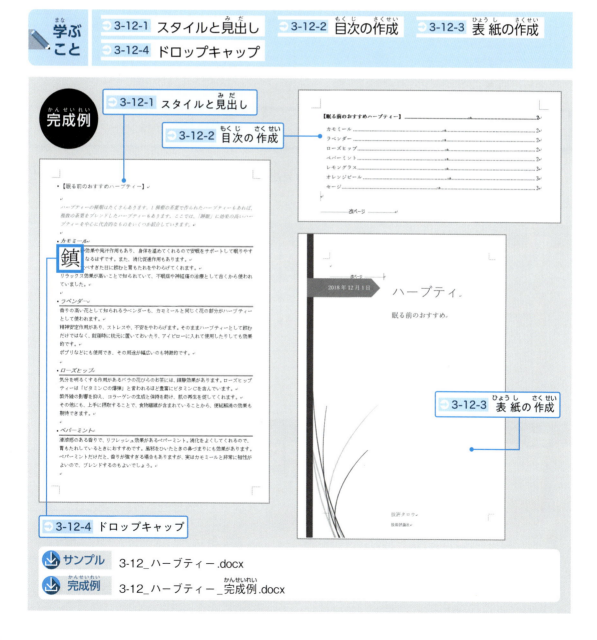

完成例

- 3-12-1 スタイルと見出し
- 3-12-2 目次の作成
- 3-12-3 表紙の作成
- 3-12-4 ドロップキャップ

サンプル 3-12_ハーブティー.docx
完成例 3-12_ハーブティー_完成例.docx

179

3-12-1 スタイルと見出し

スタイルとは、文字の大きさ・フォント・太さ・色・下線・斜体などの文字書式と、配置・段落間の間隔・前後の段落との関連・インデントなどの組み合わせを、まとめて登録したものです。書式とともに見出し（タイトル）や引用文、本文などの文書内の役割も設定できます。

見出しのイメージ

【Windows 入門】 → 見出し1

・Windows とは → 見出し2

・Windows の起動と終了 → 見出し2

スタイルで見出し1を設定

📥 サンプル 3-12_ハーブティー.docx

Wordには［見出し1］から［見出し9］までの見出しのスタイルが用意されています。見出しを設定しておくと、自動的に目次を作成することができます。

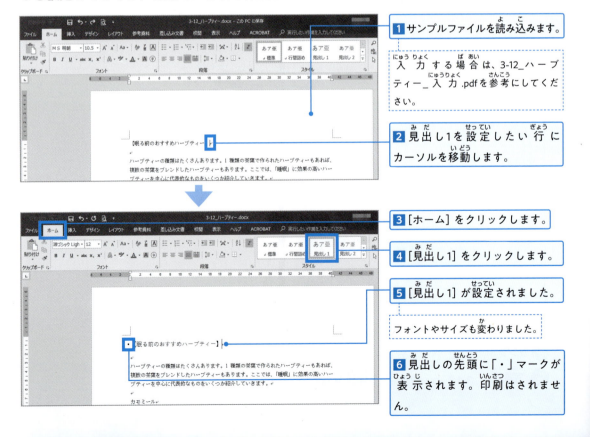

1 サンプルファイルを読み込みます。

入力する場合は、3-12_ハーブティー_入力.pdfを参考にしてください。

2 見出し1を設定したい行にカーソルを移動します。

3 ［ホーム］をクリックします。

4 ［見出し1］をクリックします。

5 ［見出し1］が設定されました。

フォントやサイズも変わりました。

6 見出しの先頭に「・」マークが表示されます。印刷はされません。

スタイルで見出し2を設定

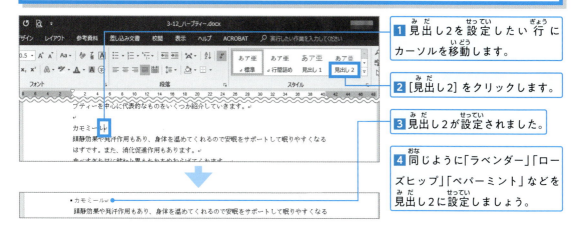

ナビゲーションウィンドウで見出しの表示

ナビゲーションウィンドウを使うと見出しだけが表示されるので、文書全体の構成を確認したい場合にわかりやすくなります。

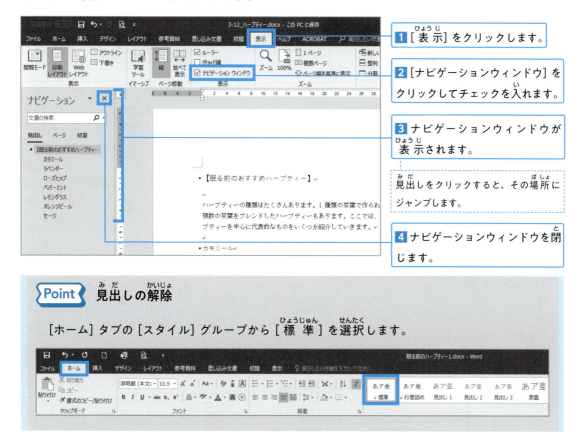

その他のスタイルを設定

ここでは見出し以外のスタイルを設定します。

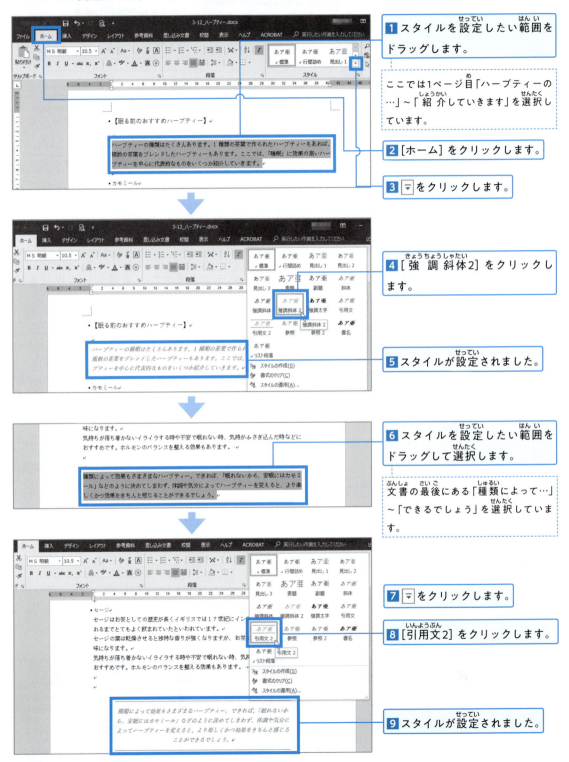

スタイルの書式を変更

スタイルの書式は変更することができます。「見出し2」を変更してみましょう。

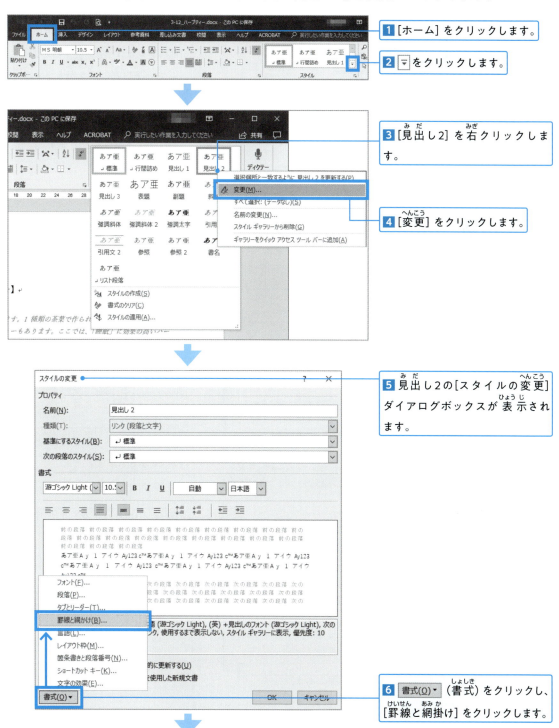

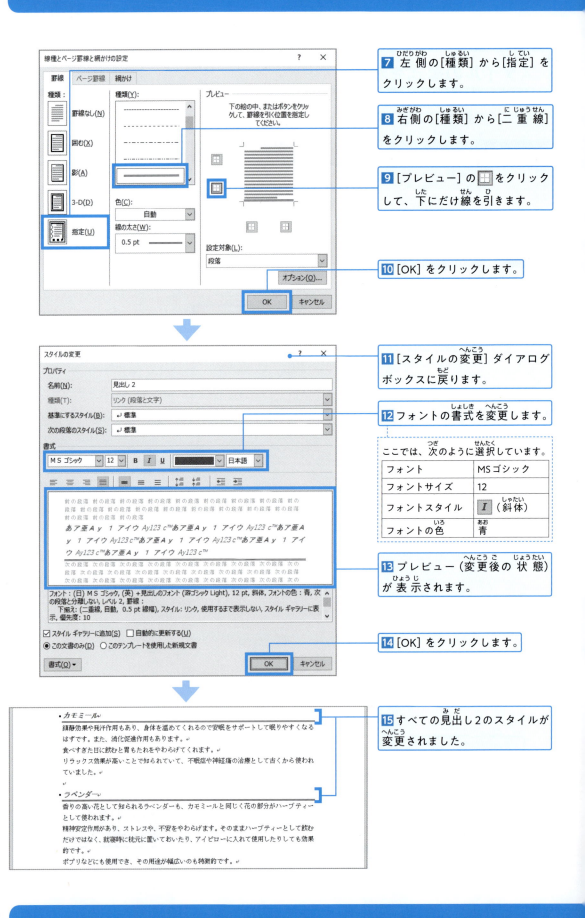

3-12-2 目次の作成

文書に「見出し」を設定しておくと、「目次」を自動作成できます。文書の最初に目次を作成しましょう。

目次を挿入する手順

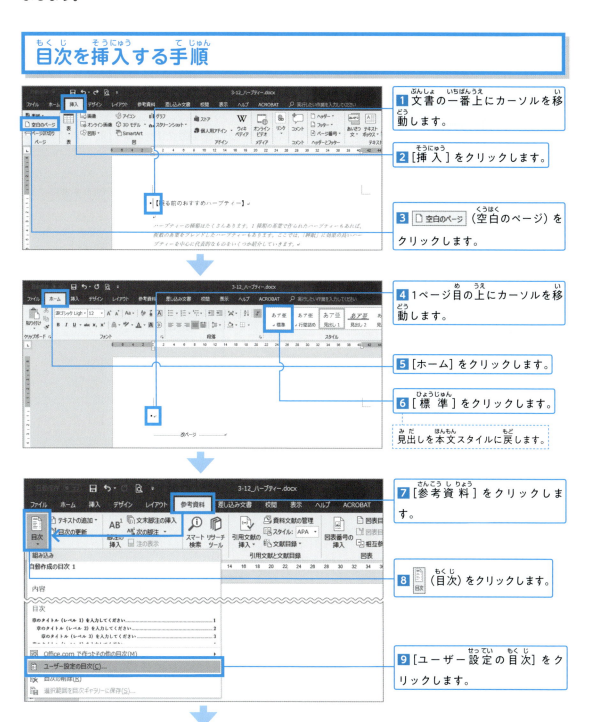

1 文書の一番上にカーソルを移動します。

2 [挿入]をクリックします。

3 （空白のページ）をクリックします。

4 1ページ目の上にカーソルを移動します。

5 [ホーム]をクリックします。

6 [標準]をクリックします。
見出しを本文スタイルに戻します。

7 [参考資料]をクリックします。

8 （目次）をクリックします。

9 [ユーザー設定の目次]をクリックします。

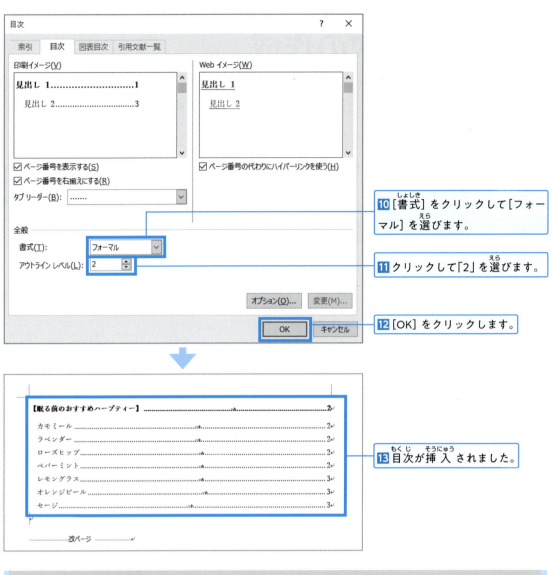

10 [書式]をクリックして[フォーマル]を選びます。

11 クリックして「2」を選びます。

12 [OK]をクリックします。

13 目次が挿入されました。

> **Point** 目次の削除
>
> 手順 9 のメニューから[目次の削除]を選択します。

> **Point** 目次の更新
>
> ページが増えたり、見出しに変更があったりした場合、[参考資料]タブの[目次の更新]ボタンをクリックすると目次を更新することができます。

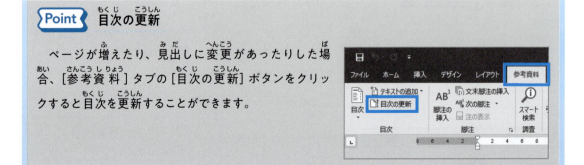

3-12-3 表紙の作成

文書の最初のページに表紙を作成しましょう。一覧から選択するだけで、簡単に挿入できます。表紙はカーソルの位置に関係なく、文書の最初のページに挿入されます。

表紙を挿入する手順

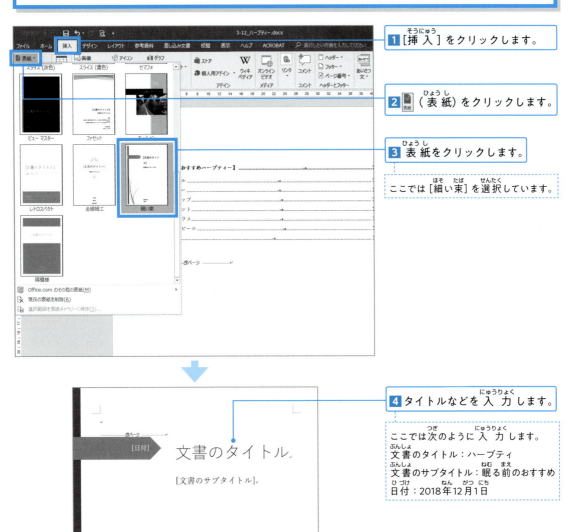

1 [挿入]をクリックします。

2 ■(表紙)をクリックします。

3 表紙をクリックします。
ここでは[細い束]を選択しています。

4 タイトルなどを入力します。
ここでは次のように入力します。
文書のタイトル：ハーブティ
文書のサブタイトル：眠る前のおすすめ
日付：2018年12月1日

> **Point** 表紙の削除方法
>
> 手順 3 で[現在の表紙を削除]を選択します。

3-12-4 ドロップキャップ

先頭文字を大きくして段落の開始位置をわかりやすくするのがドロップキャップです。長文のときに便利な機能です。

ドロップキャップを設定する手順

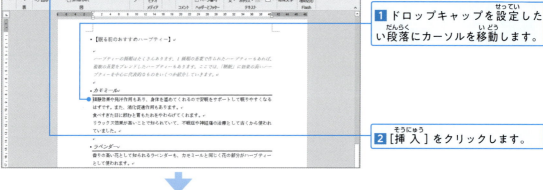

1. ドロップキャップを設定したい段落にカーソルを移動します。
2. ［挿入］をクリックします。

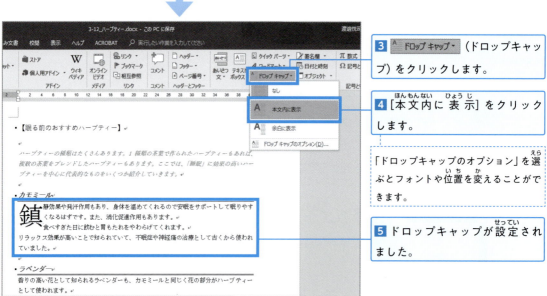

3. ドロップキャップ（ドロップキャップ）をクリックします。
4. ［本文内に表示］をクリックします。

「ドロップキャップのオプション」を選ぶとフォントや位置を変えることができます。

5. ドロップキャップが設定されました。

Point ドロップキャップの削除

手順 4 で「なし」を選択します。

練習問題

 サンプルファイルを使って完成例を作成しましょう。自分で入力する場合は3-12_課題1_入力.pdf を参考にしてください。

📥 サンプル 3-12_課題1.docx

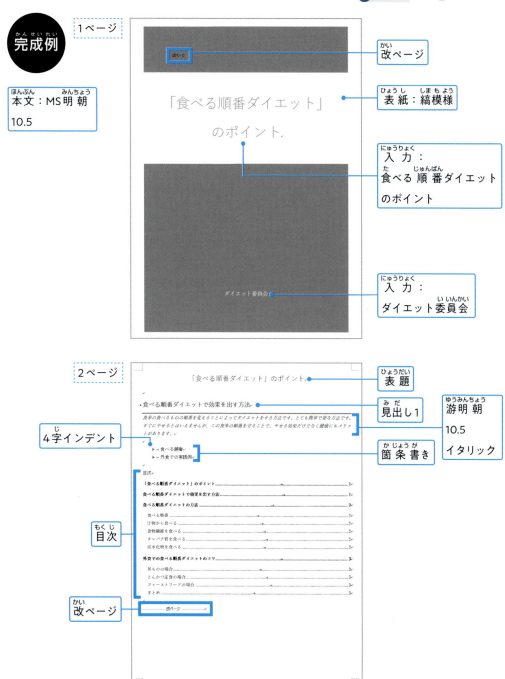

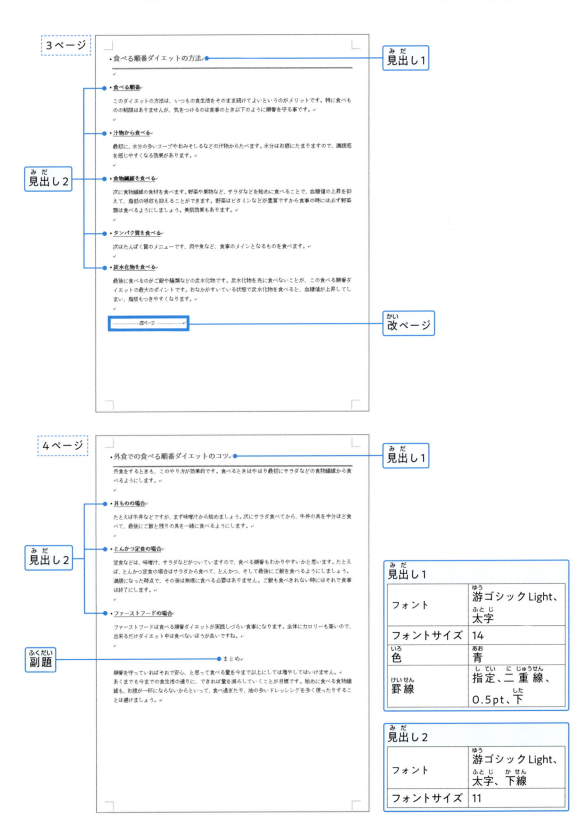

3-13 グリーティングカード

誕生日会などのパーティーのグリーティングカードを作成する例です。カラフルな絵などを利用して、気持ちを伝えましょう。日時、場所、会費など必要な情報も書き加えましょう。

学ぶこと
- 3-13-1 ページの向きと背景
- 3-13-2 オンライン画像の挿入
- 3-13-3 図の挿入とテキストの追加

完成例

- 3-13-1 ページの向きと背景
- 3-13-2 オンライン画像の挿入
- 3-13-3 図形のテキストの追加

誕生日会のお誘い
日時：2020年4月1日18：00から20：00
場所：横浜ランドマークタワー70階
会費：2000円

ご来場おまちしております。

完成例　3-13_グリーティングカード_完成例.docx

3-13-1 ページの向きと背景

用紙を横向きに使うので、[レイアウト] タブの [ページ設定] グループから [印刷の向き] を選んで変更します。さらにテクスチャを利用して、カラフルな背景にします。

印刷の向きの設定

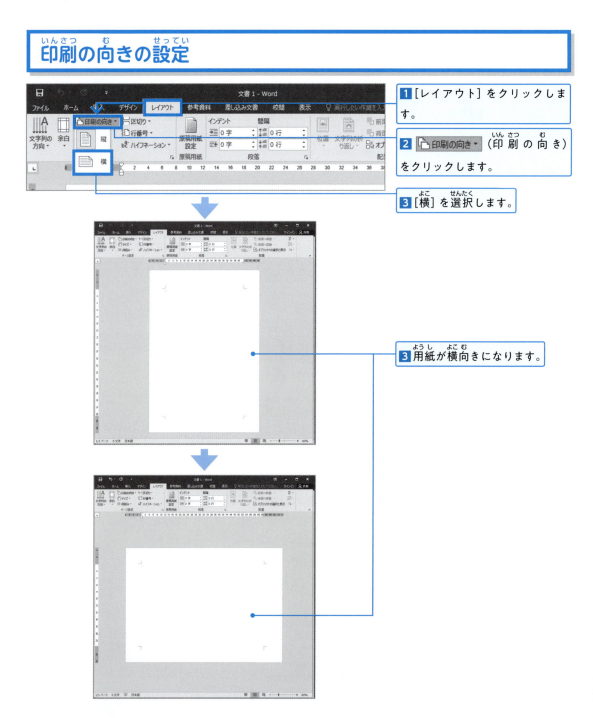

1 [レイアウト] をクリックします。

2 [印刷の向き]（印刷の向き）をクリックします。

3 [横] を選択します。

3 用紙が横向きになります。

背景の設定

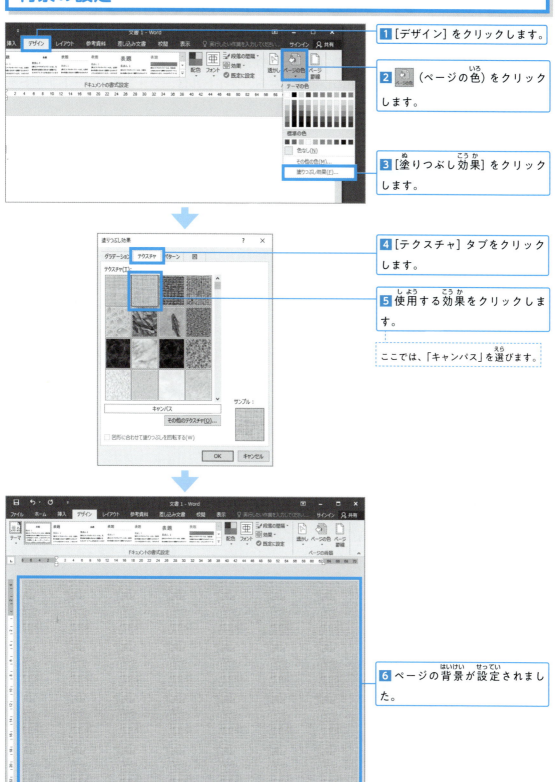

1 [デザイン] をクリックします。

2 （ページの色）をクリックします。

3 [塗りつぶし効果] をクリックします。

4 [テクスチャ] タブをクリックします。

5 使用する効果をクリックします。

ここでは、「キャンバス」を選びます。

6 ページの背景が設定されました。

3-13-2 オンライン画像の挿入

オンライン画像を利用して、「HAPPY BIRTHDAY」のタイトルを挿入しましょう。画像で挿入したときに、不要な部分を透明にします。なお、タイトルは、フォントやワードアートを使ってもよいでしょう。

オンライン画像の挿入

1. [挿入]をクリックします。
2. （オンライン画像）をクリックします。
3. キーワードを入力して検索します。

   ここでは、「誕生日」というキーワードで検索します。

4. 使用したい画像をクリックします。

   ここでは、「HAPPY BIRTHDAY」と描かれた画像を選択しています。

5. [挿入]ボタンをクリックします。

6. 画像が読み込まれました。

画像の調整（背景色を透明化）

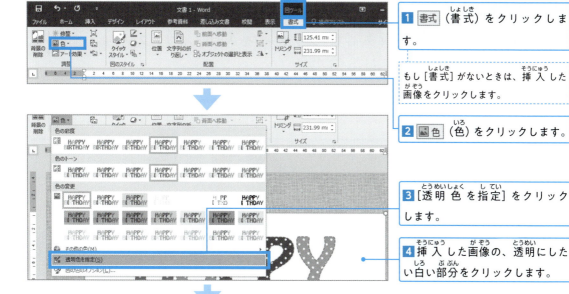

1 [書式]（書式）をクリックします。

もし[書式]がないときは、挿入した画像をクリックします。

2 [色]（色）をクリックします。

3 [透明色を指定]をクリックします。

4 挿入した画像の、透明にしたい白い部分をクリックします。

5 白い部分が透明になりました。

6 ◎ をドラッグして画像を傾けます。

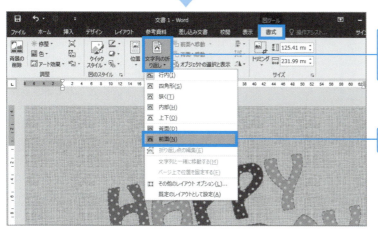

7 [書式]の[配置]の （文字列の折り返し）をクリックします。

8 [前面]をクリックします。

195

3-13-3 図形の挿入とテキストの追加

リボンや吹き出しなどの図形を挿入して、メッセージを入力します。スタイルを適用して、カラフルに仕上げます。

図形の挿入

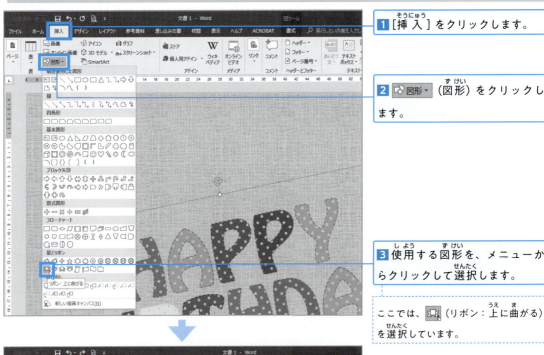

1 [挿入]をクリックします。

2 （図形）をクリックします。

3 使用する図形を、メニューからクリックして選択します。

ここでは、（リボン：上に曲がる）を選択しています。

4 挿入したいところでドラッグします。

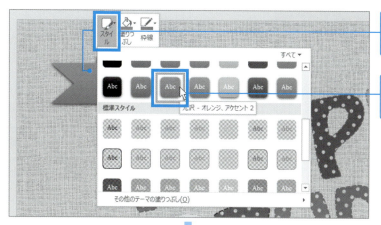

5 図形の上で右クリックし[スタイル]をクリックします。

6 [光沢 – オレンジ、アクセント2]をクリックします。

7 図形の上で右クリックして、[テキストの追加]をクリックします。

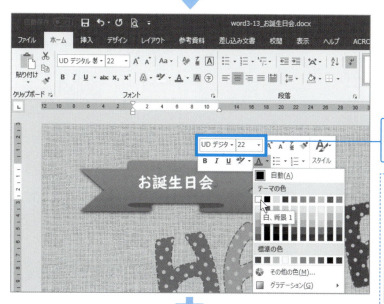

8 「お誕生日会」と入力し、文字の書式を設定します。

文字を選択後、右クリックするか[ホーム]タブで、次のように設定します。

フォント	UDデジタル教科書体NP-B
サイズ	22
フォントカラー	白

197

9 [挿入]をクリックします。

10 [図形]をクリックします。

11 [吹き出し：角を丸めた四角形]をクリックします。

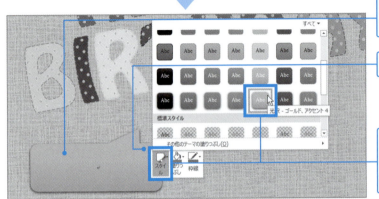

12 ドラッグして図形を挿入します。

13 図形の上で右クリックします。

14 [スタイル]をクリックし、[光沢－ゴールド、アクセント4]を選びます。

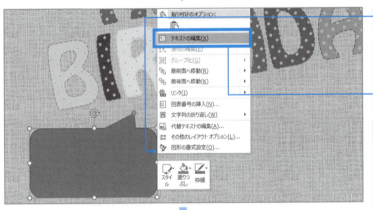

15 図形の上で右クリックします。

16 [テキストの編集]をクリックして、次のように入力、設定します。

入力する文字	ご来場おまちしております。
フォント	UDデジタル 教科書体 NP-B
サイズ	24
フォントの色	白

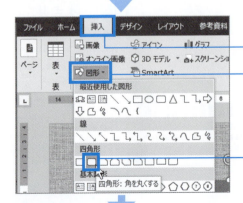

17 [挿入]をクリックします。

18 [図形]をクリックします。

19 [四角形：角を丸くする]をクリックします。

20 図形をドラッグして挿入します。

21 図形を右クリックして、[塗りつぶし]をクリックします。

22 [塗りつぶしなし]をクリックします。

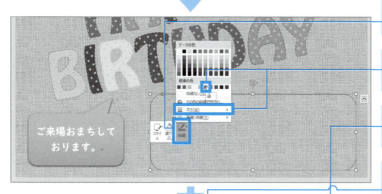

23 図形を右クリックして、[枠線]をクリックしてます。

24 [緑]をクリックします。さらに[太さ]を「1pt」にします。

25 図形を右クリックして、「テキストの編集」をクリックします。

26 次のように文字を入力し、書式を設定します。

▶入力する文字

誕生日会のお誘い
日時：
　2020年4月1日18：00から20：00
場所：横浜ランドマークタワー70階
会費：2000円

▶文字の書式

フォント	UDデジタル教科書体NP-B
サイズ	22
フォントの色	黒

練習問題

「入学式のお知らせ」を作成してみましょう。用紙は横向きにします。また、背景はオンライン画像を利用してください。

▶入力する文字

入学式のお知らせ

入学式の姿を見に来てください。
日時：4月5日月曜日10：00から
場所：桜小学校　体育館

もちもの：うわばき

図形：星とリボン－スクロール、横
図形スタイル：パステル、緑、アクセント6
ワードアート：塗りつぶし（グラデーション）、ゴールド、アクセントカラー4、輪郭、ゴールド、アクセントカラー4
フォント：游明朝、太字
フォントサイズ：48
フォントの色：ゴールド

完成例

背景画像：オンライン画像で「入学式」を検索

図形：四角形（角を丸くする）
図形のスタイル：半透明－オレンジ、アクセント2、アウトラインなし
フォント：游明朝
フォントサイズ：20
フォントの色：黒

完成例　3-13_課題1.docx

3-14 文書作成の応用例1

今まで学んだことを使って、文書を作成しましょう。ここでは「お花見のお知らせ」を作ります。お知らせは、実施内容、日時、場所、費用、連絡先などをわかりやすく伝えることが大切です。また、多くの人が興味を持つようなデザインになるよう工夫しましょう。

学ぶこと
- 3-14-1 ページ設定
- 3-14-2 テキストの挿入
- 3-14-3 書式の設定
- 3-14-4 箇条書きの設定
- 3-14-5 文字の配置

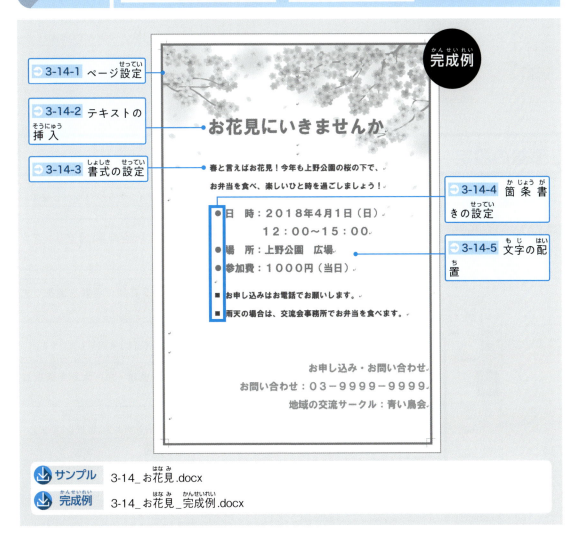

完成例

- 3-14-1 ページ設定
- 3-14-2 テキストの挿入
- 3-14-3 書式の設定
- 3-14-4 箇条書きの設定
- 3-14-5 文字の配置

サンプル 3-14_お花見.docx
完成例 3-14_お花見_完成例.docx

3-14-1 ページ設定

ページと背景を設定しましょう。

余白の設定

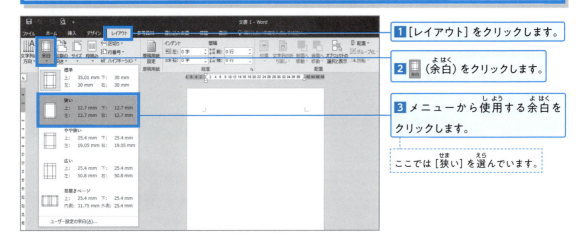

1 [レイアウト] をクリックします。

2 （余白）をクリックします。

3 メニューから使用する余白をクリックします。

ここでは [狭い] を選んでいます。

罫線の設定

ページ罫線でページのまわりを囲みます。

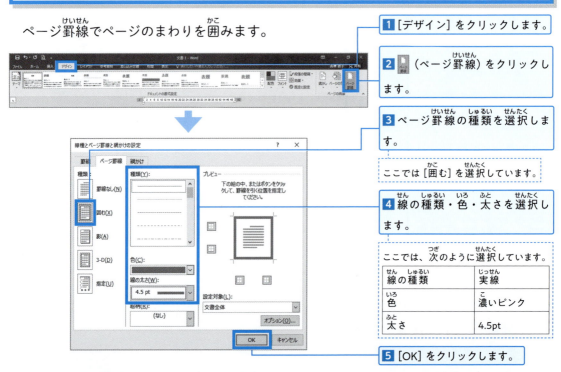

1 [デザイン] をクリックします。

2 （ページ罫線）をクリックします。

3 ページ罫線の種類を選択します。

ここでは [囲む] を選択しています。

4 線の種類・色・太さを選択します。

ここでは、次のように選択しています。

線の種類	実線
色	濃いピンク
太さ	4.5pt

5 [OK] をクリックします。

背景の設定

背景に画像を読み込みます。

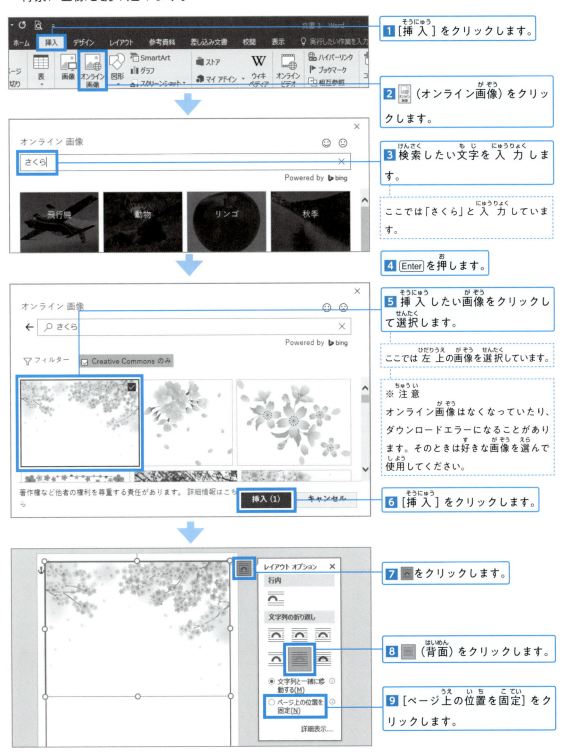

3-14-2 テキストの挿入

サンプルファイルを文書に挿入します。自分で入力する場合は3-14_お花見_入力.docxを参考に入力してください。

テキストの挿入

サンプル 3-14_お花見.docx

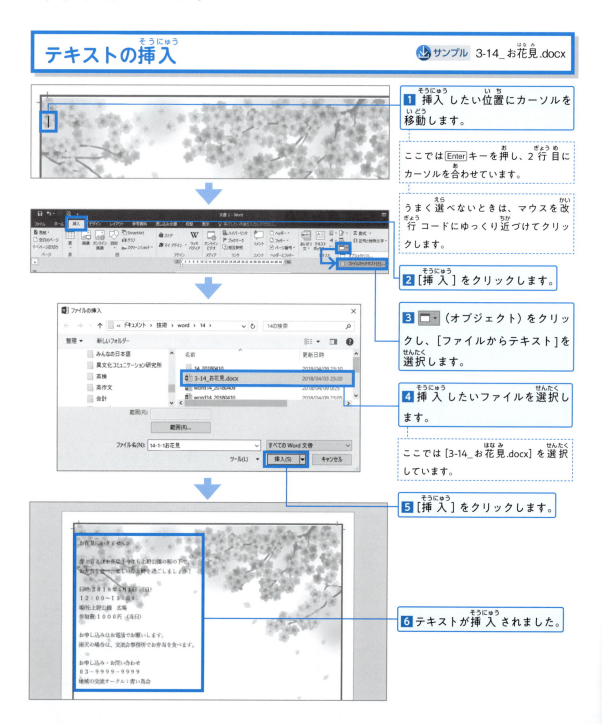

1 挿入したい位置にカーソルを移動します。

ここでは Enter キーを押し、2行目にカーソルを合わせています。

うまく選べないときは、マウスを改行コードにゆっくり近づけてクリックします。

2 [挿入] をクリックします。

3 （オブジェクト）をクリックし、[ファイルからテキスト] を選択します。

4 挿入したいファイルを選択します。

ここでは [3-14_お花見.docx] を選択しています。

5 [挿入] をクリックします。

6 テキストが挿入されました。

3-14-3 書式の設定

文字の書式を設定します。

フォント種類の設定

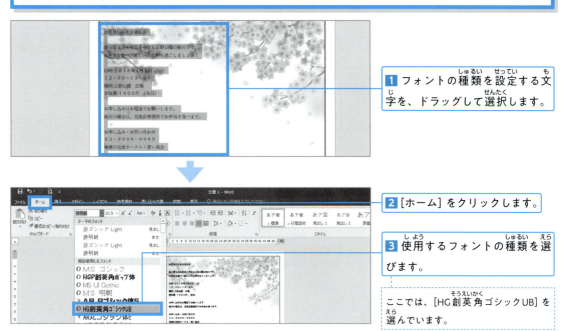

1 フォントの種類を設定する文字を、ドラッグして選択します。

2 [ホーム] をクリックします。

3 使用するフォントの種類を選びます。

ここでは、[HG創英角ゴシックUB] を選んでいます。

フォントサイズの設定

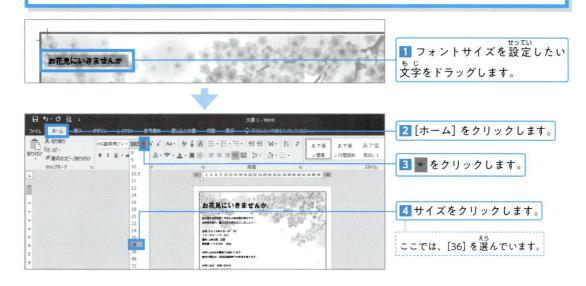

1 フォントサイズを設定したい文字をドラッグします。

2 [ホーム] をクリックします。

3 ▼ をクリックします。

4 サイズをクリックします。

ここでは、[36] を選んでいます。

フォントの色を設定

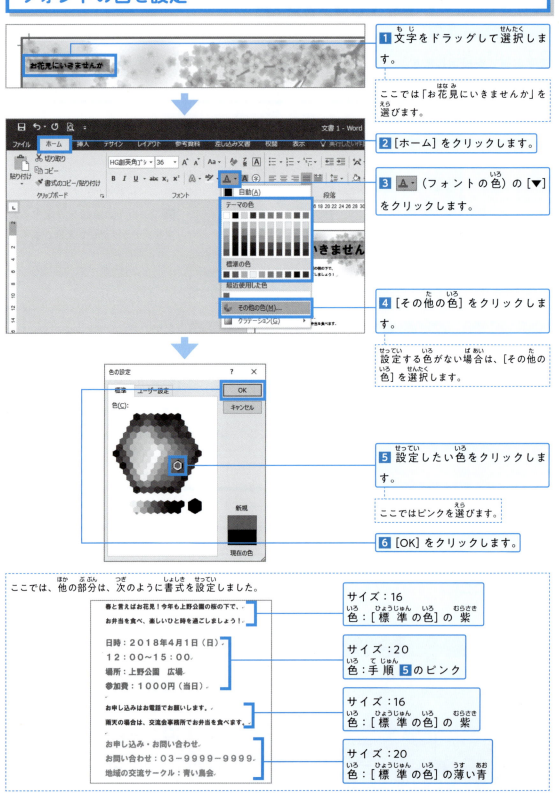

3-14-4 箇条書きの設定

知らせたい内容をわかりやすくするため箇条書きにします。

箇条書きの設定

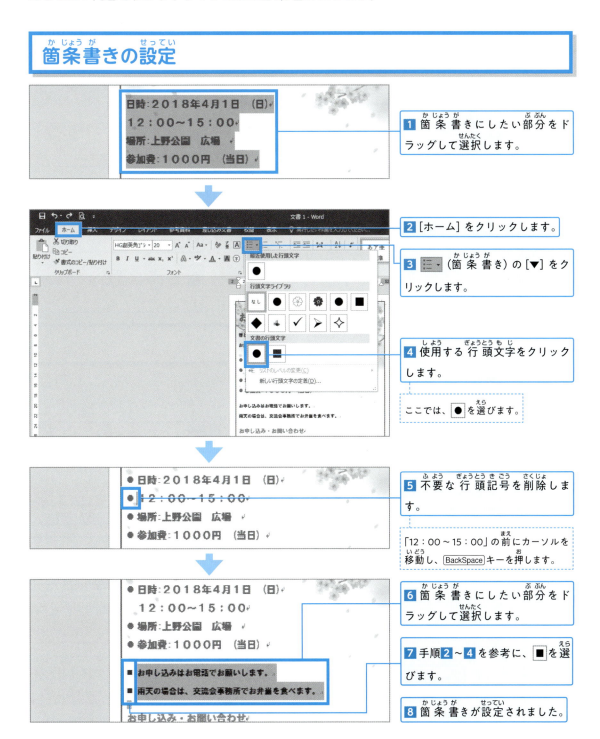

3-14-5 文字の配置

文字の位置を見やすく調整します。

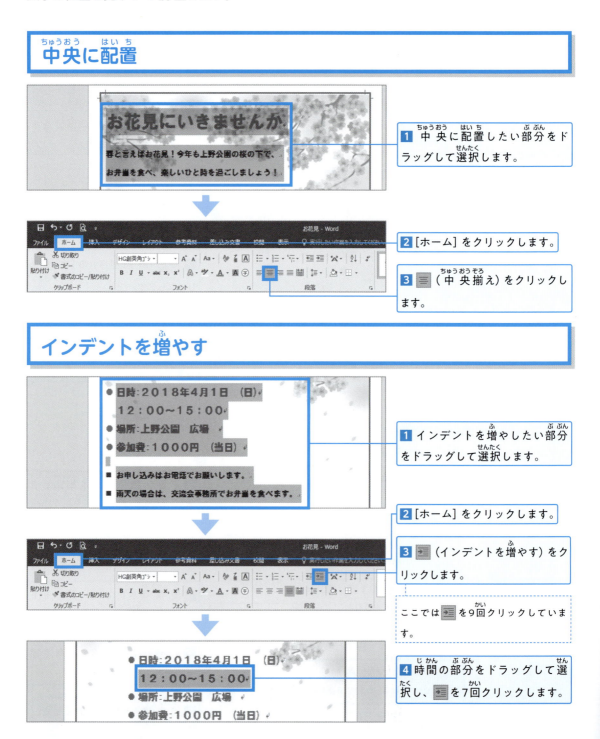

中央に配置

1 中央に配置したい部分をドラッグして選択します。

2 [ホーム]をクリックします。

3 ≡（中央揃え）をクリックします。

インデントを増やす

1 インデントを増やしたい部分をドラッグして選択します。

2 [ホーム]をクリックします。

3 ≡→（インデントを増やす）をクリックします。

ここでは ≡→ を9回クリックしています。

4 時間の部分をドラッグして選択し、≡→ を7回クリックします。

右揃えに配置

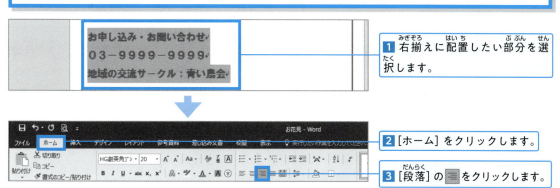

均等割り付けに配置

「日時」と「場所」を、「参加費」に合わせて3文字の幅に配置します。これを均等割り付けといいます。

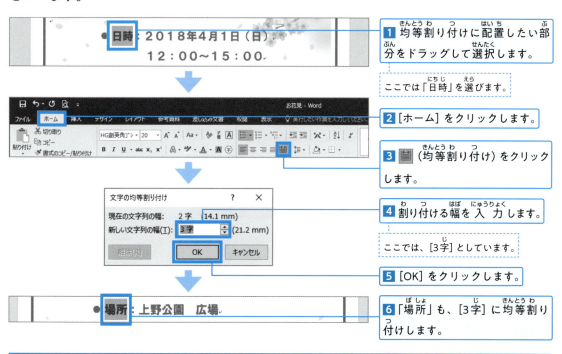

全体のバランスチェック

練習問題

課題1 サンプルファイルを読み込んで「紅葉狩りのお知らせ」を作ってみましょう。入力する場合は3-14_課題1_入力.pdfを参考にしてください。

サンプル　3-14_課題1.docx、3-14_もみじ_下.png、3-14_もみじ_上.png

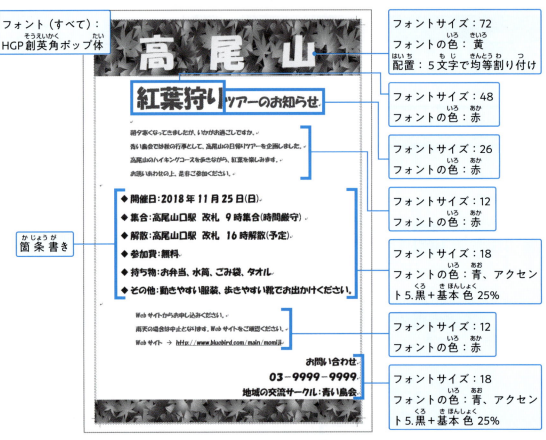

フォント（すべて）：HGP創英角ポップ体

フォントサイズ：72
フォントの色：黄
配置：5文字で均等割り付け

フォントサイズ：48
フォントの色：赤

フォントサイズ：26
フォントの色：赤

フォントサイズ：12
フォントの色：赤

箇条書き

フォントサイズ：18
フォントの色：青、アクセント5.黒＋基本色25%

フォントサイズ：12
フォントの色：赤

フォントサイズ：18
フォントの色：青、アクセント5.黒＋基本色25%

▶ページ罫線の設定

［デザイン］タブ－［ページ罫線］をクリック

赤

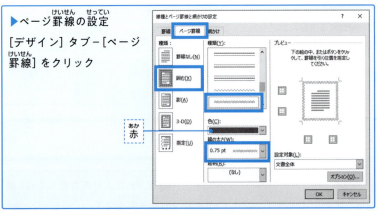

背景：
being画像を「もみじ」で検索して、トリミング。または画像ファイル「3-14_もみじ_上.png」「3-14_もみじ_下.png」を使用する。

完成例　3-14_課題1_完成例.docx

3-15 文書作成の応用例2

今まで学んだことを使って、文書を作成しましょう。ここでは、表形式で「新入社員名簿」を作ります。

学ぶこと
- 3-15-1 ヘッダーとフッターの設定
- 3-15-2 表の挿入
- 3-15-3 表の編集
- 3-15-4 表のデータ入力
- 3-15-5 表のスタイル設定

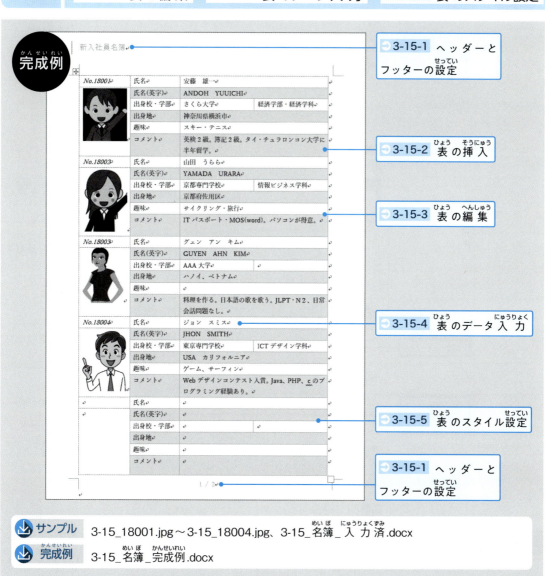

完成例
- 3-15-1 ヘッダーとフッターの設定
- 3-15-2 表の挿入
- 3-15-3 表の編集
- 3-15-4 表のデータ入力
- 3-15-5 表のスタイル設定
- 3-15-1 ヘッダーとフッターの設定

サンプル 3-15_18001.jpg 〜 3-15_18004.jpg、3-15_名簿_入力済.docx

完成例 3-15_名簿_完成例.docx

3-15-1 ヘッダーとフッターの設定

ヘッダーとは、ページの上のスペースに挿入する文字のことです。全部のページ、偶数・奇数ページなど指定できます。フッターは、ページの下のスペースに挿入する文字です。記号を挿入することで、自動的にページ番号を入れることができます。

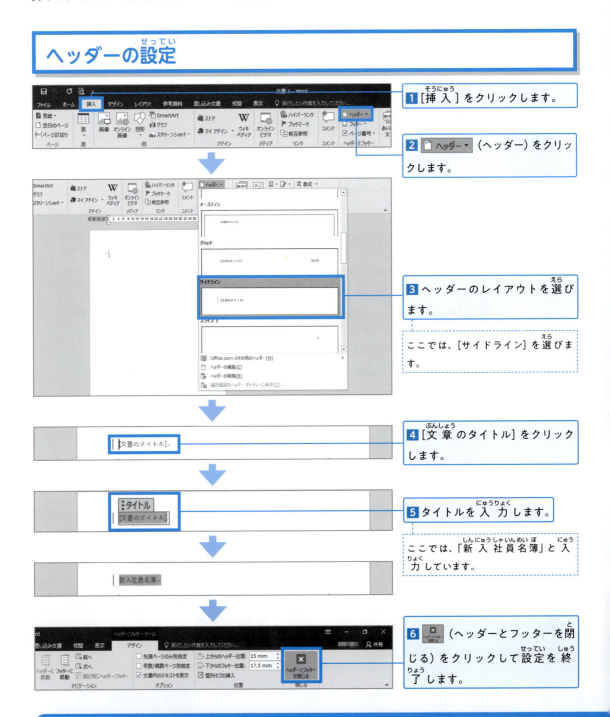

フッターの設定

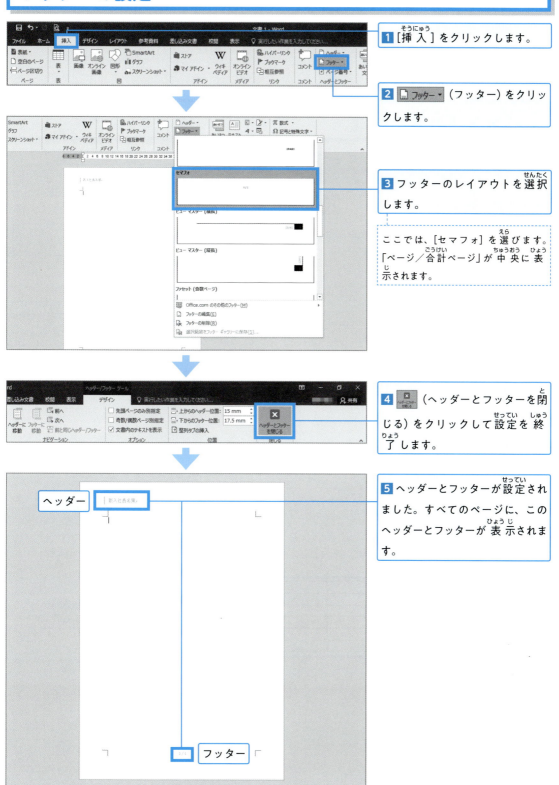

1 [挿入]をクリックします。

2 フッター（フッター）をクリックします。

3 フッターのレイアウトを選択します。

ここでは、[セマフォ]を選びます。「ページ／合計ページ」が中央に表示されます。

4 （ヘッダーとフッターを閉じる）をクリックして設定を終了します。

5 ヘッダーとフッターが設定されました。すべてのページに、このヘッダーとフッターが表示されます。

3-15-2 表の挿入

表を挿入して名簿を作ります。

6行×3列の表の作成

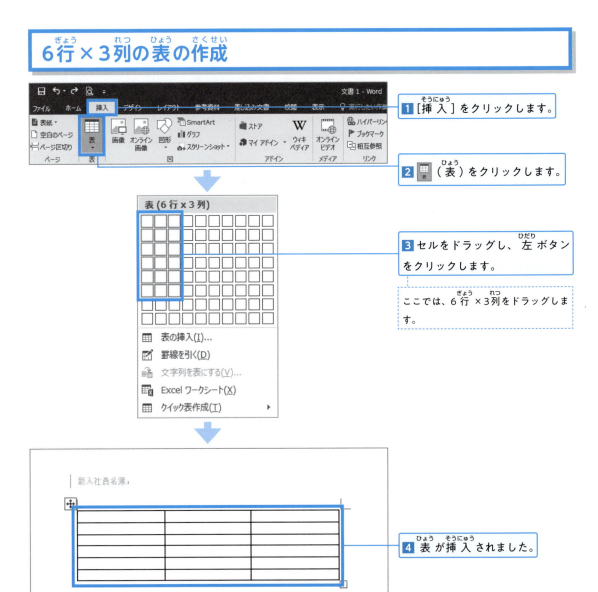

1 [挿入]をクリックします。

2 ▦（表）をクリックします。

3 セルをドラッグし、左ボタンをクリックします。

ここでは、6行×3列をドラッグします。

4 表が挿入されました。

3-15-3 表の編集

名簿に合わせて、表の形をととのえます。幅を調整し、文字を入力します。

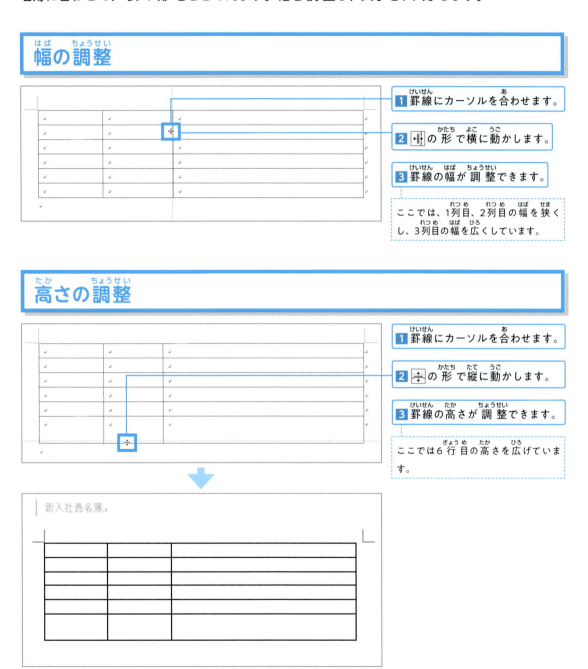

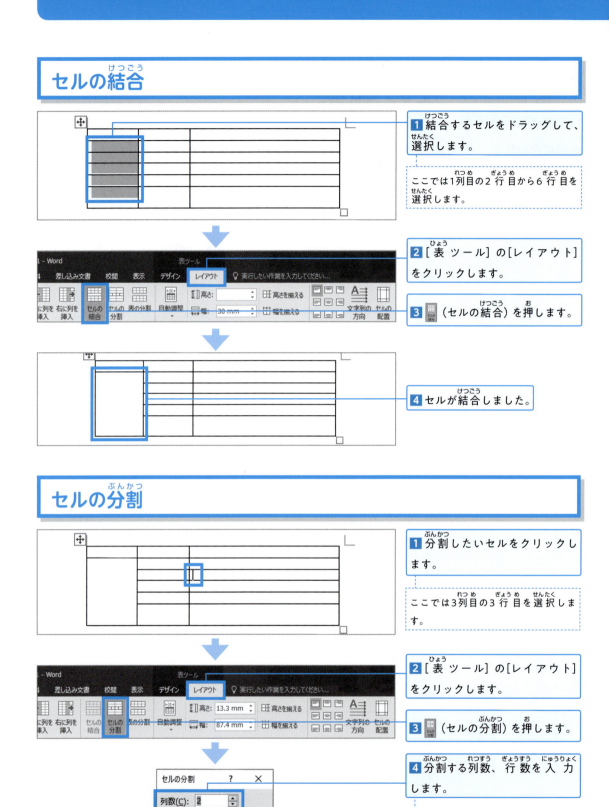

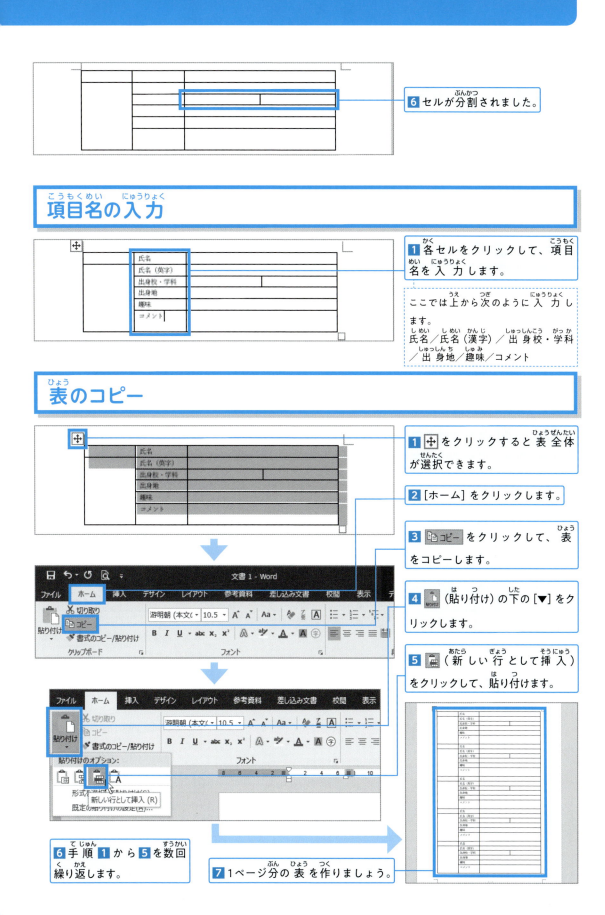

3-15-4 表のデータ入力

サンプルのPDFファイルを参考に表に名簿データを入力してみましょう。入力したら写真や画像を入れましょう。なお、あらかじめ入力したサンプルファイルを利用して、画像だけ入れてもよいです。

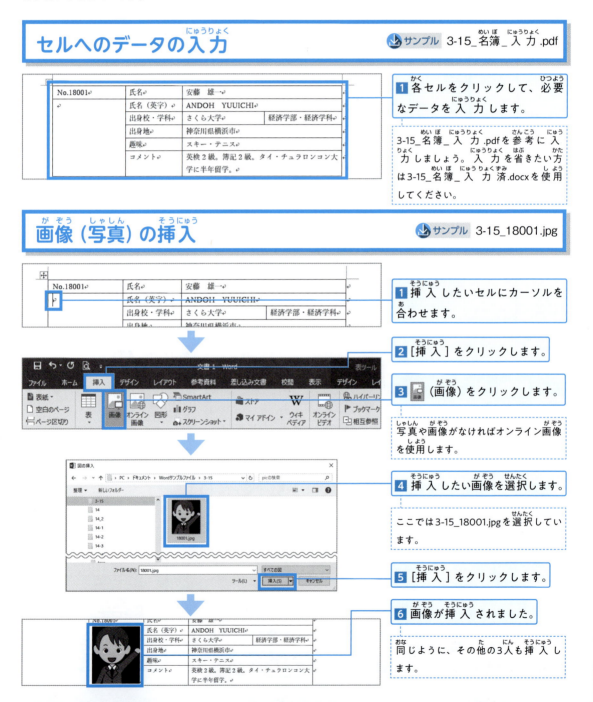

3-15-5 表のスタイル設定

表にスタイルを設定して完成させます。

表にスタイルを設定

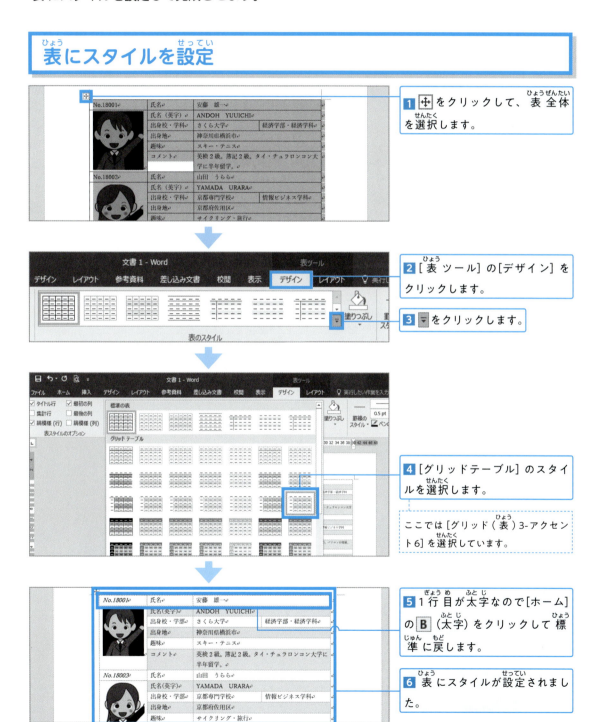

1 ⊞ をクリックして、表全体を選択します。

2 [表ツール]の[デザイン]をクリックします。

3 ▼ をクリックします。

4 [グリッドテーブル]のスタイルを選択します。

ここでは[グリッド(表)3-アクセント6]を選択しています。

5 1行目が太字なので[ホーム]の B (太字)をクリックして標準に戻します。

6 表にスタイルが設定されました。

練習問題

 課題1 サンプルファイルを使って、アンケート表を作成しましょう。入力する場合は、3-15_課題1_入力.pdfを参考にしてください。

サンプル 3-15_課題1.docx

本文
フォント：游明朝
フォントサイズ：10.5

ヘッダー：
インテグラル

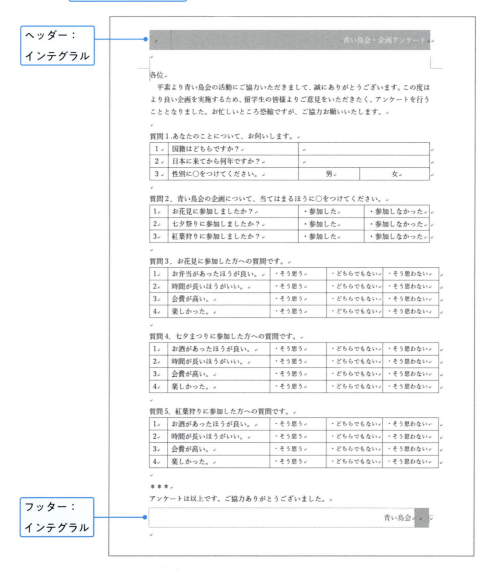

フッター：
インテグラル

 完成例 3-15_課題1_完成例.docx

留学生のための重要用語 224

本書に出てきたWordや日本語の重要な用語を集めました。学習にお役立てください。
メモには母国語などで読み方や意味を書いておくとよいでしょう。

	No	用語	参照	メモ
	\multicolumn{4}{l	}{3-1 Wordの基本}	
☐	001	起動	p.50	
☐	002	保存	p.51	
☐	003	白紙の文書	p.50	
☐	004	ドキュメント	p.50	
☐	005	フォルダー	p.50	
☐	006	クイックアクセスツールバー	p.53	
☐	007	タブ	p.53	
☐	008	タイトルバー	p.53	
☐	009	リボン	p.53	
☐	010	閉じるボタン	p.53	
☐	011	文字カーソル	p.53	
☐	012	マウスポインター	p.53	

No	用語	参照	メモ
☐ 013	スクロールバー	p.53	
☐ 014	スクロールボタン	p.53	
☐ 015	ステータスバー	p.53	
☐ 016	表示モード切替ボタン	p.53	
☐ 017	ズームスライダー	p.53	
☐ 018	閲覧モード	p.53	
☐ 019	印刷レイアウト	p.53	
☐ 020	Webレイアウト	p.53	
☐ 021	新規文書	p.54	
☐ 022	文書を閉じる	p.55	
☐ 023	文書の保存	p.56	
☐ 024	名前を付けて保存	p.56	
☐ 025	上書き保存	p.57	
☐ 026	文書の読み込み	p.58	
☐ 027	保護ビュー	p.59	

No	用語	参照	メモ
☐ 028	編集を有効にする	p.59	
☐ 029	文書の印刷	p.60	
☐ 030	印刷の設定	p.62	
☐ 031	プレビュー	p.62	
☐ 032	印刷部数	p.62	
☐ 033	プリンターの設定	p.62	
☐ 034	印刷範囲	p.62	
☐ 035	印刷方向	p.62	
☐ 036	印刷単位	p.62	
☐ 037	印刷面	p.62	
☐ 038	両面印刷	p.62	
☐ 039	片面印刷	p.62	
☐ 040	用紙サイズ	p.62	
☐ 041	余白	p.62	
☐ 042	ショートカットキー	p.63	

	No	用語	参照	メモ
☐	043	やり直し	p.63	
☐	044	繰り返し	p.63	
☐	045	文頭に移動	p.63	
☐	046	文末に移動	p.63	
☐	047	テンプレート	p.64	

3-2　入力操作の基本

	No	用語	参照	メモ
☐	048	かな入力	p.66	
☐	049	ローマ字入力	p.66	
☐	050	改行	p.67	
☐	051	全角文字	p.67	
☐	052	半角文字	p.67	
☐	053	漢字変換	p.68	
☐	054	予測候補	p.68	
☐	055	文節の変更	p.68	
☐	056	ファンクションキー	p.70	
☐	057	カタカナ	p.70	

	No	用語	参照	メモ
☐	058	文字の削除	p.72	
☐	059	文字の挿入	p.73	
☐	060	検索	p.74	
☐	061	置換	p.75	
☐	062	コピー	p.76	
☐	063	貼り付け	p.76	

3-3 文字と段落の書式

	No	用語	参照	メモ
☐	064	書式	p.79	
☐	065	フォント	p.80	
☐	066	太字	p.81	
☐	067	斜体	p.81	
☐	068	下線	p.81	
☐	069	取り消し線	p.81	
☐	070	下付き・上付き	p.81	
☐	071	効果(輪郭/影)	p.81	
☐	072	蛍光ペン	p.81	

	No	用語	参照	メモ
☐	073	網かけ	p.81	
☐	074	文字の色	p.81	
☐	075	文字の書式	p.81	
☐	076	段落	p.82	
☐	077	中央揃え	p.82	
☐	078	段落の書式	p.82	
☐	079	右揃え	p.83	
☐	080	左揃え	p.83	
☐	081	両端揃え	p.83	
☐	082	行間	p.84	
☐	083	元に戻す	p.85	
☐	084	インデント	p.86	
☐	085	ルーラー	p.87	
☐	086	書式のコピー	p.88	
☐	087	書式のクリア	p.88	

No	用語	参照	メモ
☐ 088	編集記号	p.89	
☐ 089	ルビ	p.90	
☐ 090	均等割り付け	p.90	

3-4 箇条書き			
☐ 091	箇条書き	p.92	
☐ 092	行頭文字ライブラリ	p.93	
☐ 093	行頭文字	p.93	
☐ 094	段落番号	p.94	
☐ 095	連番	p.94	
☐ 096	番号ライブラリ	p.94	
☐ 097	段落番号の書式	p.97	

3-5 表の作成			
☐ 098	表	p.100	
☐ 099	行	p.100	
☐ 100	列	p.100	
☐ 101	表の挿入	p.100	

No	用語	参照	メモ
☐ 102	文字列(もじれつ)	p.101	
☐ 103	タブ記号(きごう)	p.101	
☐ 104	表(ひょう)ツール	p.102	
☐ 105	表(ひょう)のサイズ	p.102	
☐ 106	表(ひょう)の移動(いどう)	p.103	
☐ 107	セル	p.106	
☐ 108	表(ひょう)の塗(ぬ)りつぶし	p.108	
☐ 109	表(ひょう)スタイル	p.109	
☐ 110	罫線(けいせん)	p.110	
☐ 111	罫線(けいせん)スタイル	p.110	

3-6 グラフィック要素(ようそ)1

No	用語	参照	メモ
☐ 112	文字要素(もじようそ)	p.113	
☐ 113	グラフィック要素(ようそ)	p.113	
☐ 114	ワードアート	p.114	
☐ 115	文字(もじ)の塗(ぬ)りつぶし	p.115	
☐ 116	画像(がぞう)の挿入(そうにゅう)	p.116	

No	用語	参照	メモ
☐ 117	図ツール	p.116	
☐ 118	クイックスタイル	p.117	
☐ 119	文字列の折り返し	p.117	
☐ 120	前面	p.117	
☐ 121	背面	p.117	
☐ 122	修整	p.118	
☐ 123	コントラスト	p.118	
☐ 124	シャープネス	p.118	
☐ 125	彩度	p.119	
☐ 126	トーン	p.119	
☐ 127	アート効果	p.119	
☐ 128	画像の配置	p.120	
☐ 129	トリミング	p.122	
☐ 130	オンライン画像	p.124	
☐ 131	クリエイティブコモンズ	p.125	

	No	用語	参照	メモ
☐	132	著作権	p.125	
☐	133	許諾	p.125	
☐	134	非営利	p.125	
☐	135	改変	p.125	

3-7 グラフィック要素2

	No	用語	参照	メモ
☐	136	背景	p.128	
☐	137	スクリーンショット	p.128	
☐	138	Webブラウザ	p.128	
☐	139	テキストボックス	p.130	
☐	140	描画ツール	p.131	
☐	141	レイアウトオプション	p.131	
☐	142	テキストボックスの設定	p.132	
☐	143	枠線	p.133	
☐	144	図形の書式設定	p.133	
☐	145	図形の作成	p.134	
☐	146	吹き出し	p.134	

	No	用語	参照	メモ
☐	147	ラジオボタン	p.135	
☐	148	図形の複写	p.135	
☐	149	文字のオプション	p.135	
☐	150	用紙を横向きに設定	p.136	

3-8 グラフィック要素3

	No	用語	参照	メモ
☐	151	ページの色	p.138	
☐	152	色の設定	p.139	
☐	153	塗りつぶし効果	p.139	
☐	154	オンライン画像の挿入	p.140	
☐	155	背景の削除	p.141	
☐	156	保持する領域としてマーク	p.141	
☐	157	削除する領域としてマーク	p.141	
☐	158	すべての変更を破棄	p.141	
☐	159	変更を保持	p.141	
☐	160	図の体裁	p.142	
☐	161	輪郭の色	p.145	

No	用語	参照	メモ
☐ 162	グラデーション	p.146	
3-9 はがきの作成			
☐ 163	差し込み文書	p.148	
☐ 164	はがき印刷	p.148	
☐ 165	文面の作成	p.148	
☐ 166	はがき文面印刷ウィザード	p.148	
☐ 167	題字	p.149	
☐ 168	年号	p.150	
☐ 169	差出人	p.150	
☐ 170	宛名面の作成	p.152	
☐ 171	縦書き	p.153	
☐ 172	横書き	p.153	
☐ 173	敬称	p.154	
☐ 174	差し込み印刷	p.156	
☐ 175	住所録ファイル	p.157	

No	用語	参照	メモ
3-10 スマートアート			
☐ 176	スマートアート	p.160	
☐ 177	リスト	p.160	
☐ 178	テキストウィンドウ	p.161	
☐ 179	組織図	p.163	
☐ 180	立体グラデーション	p.163	
☐ 181	SmartArt グラフィックの選択	p.165	
☐ 182	基本ステップ	p.165	
☐ 183	図形の追加	p.166	
3-11 レイアウトの工夫			
☐ 184	編集記号の表示	p.170	
☐ 185	ページ区切り	p.170	
☐ 186	改ページマーク	p.170	
☐ 187	段組み	p.171	
☐ 188	段組みの詳細設定	p.173	
☐ 189	境界線を引く	p.173	

	No	用語	参照	メモ
☐	190	段の幅と間隔	p.173	
☐	191	段区切り	p.174	
☐	192	セクション区切り	p.175	
☐	193	印刷の向き	p.176	
☐	194	余白	p.177	

3-12 長文の作成に便利な機能

	No	用語	参照	メモ
☐	195	スタイル	p.180	
☐	196	見出し	p.180	
☐	197	ナビゲーションウィンドウ	p.181	
☐	198	強調斜体	p.182	
☐	199	引用文	p.182	
☐	200	罫線と網かけ	p.183	
☐	201	スタイルの変更	p.184	
☐	202	目次	p.185	
☐	203	空白のページ	p.185	
☐	204	参考資料	p.185	

No	用語	参照	メモ
☐ 205	目次の削除	p.186	
☐ 206	表紙	p.187	
☐ 207	ドロップキャップ	p.188	
3-13 グリーティングカード			
☐ 208	テクスチャ	p.193	
☐ 209	透明色を指定	p.195	
☐ 210	光沢	p.197	
☐ 211	テキストの追加	p.197	
3-14 文書作成の応用例1			
☐ 212	ページ罫線	p.202	
☐ 213	ファイルからテキスト	p.204	
☐ 214	フォントの色	p.206	
☐ 215	標準の色	p.206	
☐ 216	文字の配置	p.208	
3-15 文書作成の応用例2			
☐ 217	ヘッダーの設定	p.212	

	No	用語	参照	メモ
☐	218	フッターの設定	p.212	
☐	219	ヘッダーとフッターを閉じる	p.212	
☐	220	表の編集	p.215	
☐	221	セルの結合	p.216	
☐	222	セルの分割	p.216	
☐	223	表のコピー	p.217	
☐	224	新しい行として挿入	p.217	

LZHファイルやPDFファイルが開かないとき

◉圧縮ファイルが開かないとき ～LZH解凍ソフトの入手方法

　圧縮ファイルとは、元のデータの内容を変えず、サイズを縮小したものです。複数のファイルを1つの圧縮ファイルにまとめることができます。本書のダウンロードサービスで提供しているファイルは、ZIP形式の圧縮ファイルです。

　ZIP形式の圧縮ファイルは、Windows10のエクスプローラーが対応しているので、ファイルをダブルクリックすれば、利用することができます。

　一方、LZH形式の圧縮ファイルは、解凍するためのアプリケーションを導入する必要があります。

　下記は、代表的な解凍ソフトです。または、オンラインソフトを紹介する「窓の杜」にアクセスし、キーワードにLZHと検索して、入手することもできます。

■ Lhasa（解凍ソフト）　http://www.digitalpad.co.jp/~takechin/

■ 窓の杜　　　　　　　https://forest.watch.impress.co.jp/

◉PDFファイルが開かないとき　～Adobe Acrobat Readerの入手方法

　もし、本書で提供している入力用のPDFファイルが開かないときは、Adobe社のAdobe Readerを導入することで利用できます。下記のURLにアクセスすると、ダウンロードページに移動します。

■ Adobe Acrobat Reader DC　　https://get.adobe.com/jp/reader/

　または、「Google」で「Adobe Reader」と検索すると、「Adobe Acrobat Reader DC ダウンロード」という項目が表示されるので、クリックすると、ダウンロードページに移動します。

　上の「窓の杜」でもキーワードに「Adobe Acrobat Reader」と入力して検索すれば、ダウンロードすることができます。

執筆者紹介

楳村 麻里子（うめむら　まりこ）
東京都武蔵野市生
明治大学経営学部経営学科卒業
現在，専門学校お茶の水スクールオブビジネス専任講師

松下 孝太郎（まつした　こうたろう）
神奈川県横浜市生
横浜国立大学大学院工学研究科人工環境システム学専攻博士後期課程修了 博士（工学）
現在，東京情報大学総合情報学部教授
　　　(学)東京農業大学

津木 裕子（つぎ　ゆうこ）
和歌山県和歌山市生
産業能率大学大学院総合マネジメント研究科総合マネジメント専攻修士課程修了
現在，キャリアコンサルタント，産業能率大学経営学部非常勤講師

平井 智子（ひらい　ともこ）
東京都杉並区生
東洋英和女学院大学大学院人間科学研究科人間科学専攻修士課程修了
現在，マナーコンサルタント，帝京大学短期大学非常勤講師

山本 光（やまもと　こう）
神奈川県横須賀市生
横浜国立大学大学院環境情報学府情報メディア環境学専攻博士後期課程満期退学
現在，横浜国立大学教育学部教授

両澤 敦子（もろさわ　あつこ）
ベトナム・ラムドン省生
中央大学経済学部経済学科卒業
現在，外語ビジネス専門学校非常勤講師

カバー	●小野貴司
本文・デザイン	●BUCH⁺

留学生のためのかんたん Word 入門
りゅうがくせい　　　　　　　　　　　　　にゅうもん

2019 年 1 月 9 日　初版　第 1 刷発行
2021 年 4 月 21 日　初版　第 4 刷発行

著　者	楳村 麻里子 （うめむら　まりこ） 松下 孝太郎 （まつした　こうたろう） 津木 裕子 （つぎ　ゆうこ） 平井 智子 （ひらい　ともこ） 山本 光 （やまもと　こう） 両澤 敦子 （もろさわ　あつこ）	定価はカバーに表示してあります。 本書の一部または全部を著作権法の定める範囲を超え、無断で複写、複製、転載、テープ化、ファイル化することを禁じます。
発行者	片岡 巌	Ⓒ 2019 楳村 麻里子、松下 孝太郎、津木 裕子、平井 智子、山本 光、両澤 敦子
発行所	株式会社技術評論社 東京都新宿区市谷左内町 21-13	造本には細心の注意を払っておりますが、万一、乱丁（ページの乱れ）や落丁（ページの抜け）がございましたら、小社販売促進部までお送りください。
電　話	03-3513-6150　販売促進部 03-3267-2270　書籍編集部	送料小社負担にてお取り替えいたします。 ISBN978-4-297-10269-2 C3055
印刷／製本	港北出版印刷株式会社	Printed in Japan

●ダウンロードサービスについては 7 ページをお読みください。
●本書へのご意見ご感想は、技術評論社ホームページまたは以下の宛先へ書面にてお受けしております。なお、電話でのお問い合わせにはお答えいたしかねますので、あらかじめご了承ください。

〒162-0846　東京都新宿区市谷左内町 21－13
株式会社技術評論社書籍編集部　『留学生のためのかんたん Word 入門』係
FAX：03-3267-2271